KB067238

이과형의 그런데 이것은 과학책입니다 ❶고전과학 편

초판 발행 · 2024년 9월 25일

지은이 · 이과형(유우종)
그린이 · 김우람
발행인 · 이종원
발행처 · 길벗스쿨
출판사 등록일 · 1990년 12월 24일
주소 · 서울시 마포구 월드컵로 10길 56(서교동)
대표 전화 · 02)332-0931 | **팩스** · 02)323-0586
홈페이지 · school.gilbut.co.kr | **이메일** · gilbut@gilbut.co.kr

기획 및 책임편집 · 김윤지(yunjikim@gilbut.co.kr) | **디자인** · 박상희 | **제작** · 이준호, 손일순, 이진혁
마케팅 · 진창섭, 이지민 | **영업관리** · 정경화 | **독자지원** · 윤정아

교정교열 · 황진주 | **전산편집** · 도설아 | **출력 및 인쇄** · 교보피앤비 | **제본** · 신정문화사

ISBN 979-11-6406-788-6 04400 (길벗스쿨 도서번호 600004)
      979-11-6406-787-9 04400 (세트)

© 유우종

정가 17,500원

독자의 1초를 아껴주는 정성 길벗출판사

(주)도서출판 길벗 IT교육서, IT단행본, 경제경영서, 어학&실용서, 인문교양서, 자녀교육서 www.gilbut.co.kr
길벗스쿨 국어학습, 수학학습, 어린이교양, 주니어 어학학습, 학습단행본 www.gilbutschool.co.kr

이과형의
그런데 이것은
과학책입니다

❶ 고전과학 편

이과형(유우종) 지음
김우람 그림

온라인으로 새롭게 사귄 외국인 친구에게 우리나라 전통 음식인 김치를 소개하려면 어떻게 설명해야 할까요? 김치가 무엇인지, 어떤 재료로 어떤 과정을 거쳐 만들어지는지 빠짐없이 논리적으로 설명하면 될까요? 김치의 다양한 종류와 맛, 김치가 한국 식문화에서 가지는 의미를 최대한 자세히 설명하면, 외국인 친구가 김치의 매력과 맛을 완전히 이해할 수 있을까요? 그렇지 않을 거예요. 내가 아무리 자세히 설명한다 해도, 외국인 친구가 한 번에 김치의 모든 것을 완벽히 이해하긴 어려울 거예요.

사람의 뇌는 자라면서 보고 듣고 경험한 모든 것을 바탕으로 인지 구조를 만듭니다. 그리고 이 인지 구조에 따라 새로운 정보를 해석하고 받아들이죠. 각자의 경험이 모두 다르기 때문에 인지 구조도 사람마다 모두 다르답니다. 예를 들어 나는 빨간색을 봤을 때 불, 힘, 태양을 떠올리지만, 옆에 있는 친구는 위험이나 경고의 의미로 다르게 생각할 수 있어요. 그래서 무엇을 설명할 때 조리 있게 논리적으로 말해도 그 내용이 상대방에게 완벽하게 전달되지는 않아요. 간혹 학교 수업을 지루하고 어렵게 느끼거나, 추천 과학 도서들을 읽었을 때 잘 이해되지 않는 이유도 이 때문이지요. 수업을 진행하는 선생님과 책을 쓴 저자가 논리적으로 설명한다 해도, 나의 인지 구조에 따라 재해석하는 과정에서 내용을 잘못 이해하거나 바꾸어 받아들이기도 하거든요.

저는 교사와 유튜브 크리에이터로 활동하면서 학생들에게 어떻게 하면 어렵고 복잡한 과학 지식을 효과적으로 전달할 수 있을지 끊임없이 고민해왔습니다. 많은 교육자들이 쌓아온 지식과 경험에 저만의 연구를 더해 지식을 전달할 수 있는 다양한 방법들을 발견했습니다. 그 결과, 단기간에 58만 명의 구독자를 모을 수 있었습니다. 구독자들에게 과학 지식을 전달하기 위해 재미있는 소재들을 발굴했고, 흥미로운 이야기들을 더해 현재 200편이 넘는 과학 쇼츠 영상을 제작해 소개하였습니다. 그리고 단순한 즐거움에 그치지 않고 지식을 탐구할 수 있는 기회를 얻을 수 있도록 노력하여 누적 조회수 3억 뷰를 돌파했답니다.

유튜브에서 소개했던 과학 지식 중에서 가장 인기 있고, 가치 있는 지식들을 엄선해《이과형의 그런데 이것은 과학 책입니다》에 담았습니다. 이 책은 누구나 과학을 쉽고 재미있게 즐길 수 있도록 다양한 과학 현상을 예를 들어 설명했으며, 함께 소통하는 느낌으로 책을 읽을 수 있게 실제 유튜브 영상에 달렸던 댓글들도 함께 엮었습니다. '알아 두면 쓸 모 있는 과학 지식' 코너에서는 앞서 살펴본 내용을 더 자세히 탐구할 수 있도록, 관련된 과학 지식을 깊이 있게 담았습니다.

복잡한 과학 지식을 초등학생도 쉽게 이해할 수 있도록 재치 있는 만화 형식으로 재구성해주신 김우람 만화 작가님께 감사합니다.

이 책은 재미있고 유익하며 감동적입니다. 부끄러운 말이지만 책을 쓰면서 '내가 어렸을때도 이런 과학책이 있었다면 정말 좋았겠다'는 생각이 들기도 했습니다. 여러분에게 이 책이 과학에 한 걸음 더 다가가는 데 재미와 유익함, 감동을 주는 친구가 되었으면 합니다.

저자 **이과형 유우종**

목차

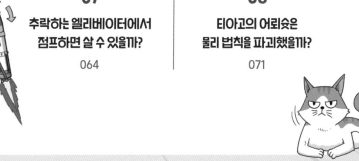

인간이 추락에서 생존할 수 있는 높이는?

만약 5m 높이에서 떨어진다면 어떻게 될까요?

아마도 뼈가 부러지겠죠?
낙법을 잘한다면 멀쩡할 수도 있다고요?

좋습니다. 그렇다면 1km 높이에서 떨어지면 어떨까요?
아무리 낙법을 잘한다고 해도 목숨을 건지기 힘들 거예요.

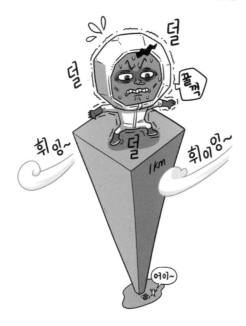

10km 높이라면요? 당연히 죽겠죠? 상상만 해도 끔찍하군요!

그런데 이것은
틀렸습니다!

높은 곳에서 떨어지는 동안 운석처럼 불에 타거나[*]
심장 마비 또는 산소 부족으로 죽는 게 아니라면
아무리 높은 곳에서 떨어지더라도 살 수 있어요.

산소가
부족해...

---

[*] 우주에서 지구로 떨어지는 운석은 공기 저항이 적어서 속도가 매우 빠릅니다. 그래서 단열 압
축에 의해 불이 붙습니다. 단열 압축에 대한 자세한 설명은 214쪽을 참고하세요.

지구의 중력은 물체를 지구 내부로 끌어당겨
낙하 속도가 점점 빨라지도록 합니다.

높은 곳에서 떨어질수록 위험한 이유는
더 빠른 속도로 땅에 충돌하기 때문이죠.

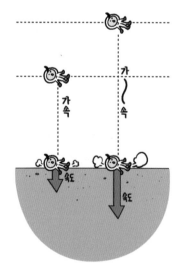

움직이는 물체는 공기 저항을 받습니다.
바람이 없는 날에도 빠른 속도로 자전거를 타면
진행 방향과 반대로 불어오는 바람을 느낍니다.
이것이 공기 저항입니다.

그리고 물체의 속도가 빠를수록
공기 저항은 커집니다.

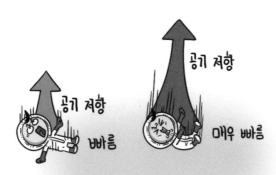

단, 추락하는 물체의 공기 저항이 중력과 똑같아지면
속도는 더 이상 빨라지지 않습니다.

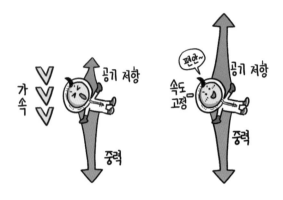

대류권* 에서 대략 200km/h의 속도에 도달하면
더 이상 빨라지지 않습니다.
떨어지는 동안 몸을 쫙 편다면 공기 저항이 커져
떨어지는 속도가 더 느려질 수도 있죠.

---

* 지상 약 10~16㎞까지의 대기로, 대류가 이루어지는 범위의 공간을 말합니다.

이때 눈이 두껍게 덮인 비탈면으로 떨어진다면
죽지 않고 살 가능성이 있어요.

200km/h의 속도로 지면과 수직으로 떨어질 때
80도의 경사면으로 떨어진다면 몸이 받는 충격은
0.17배로 줄어듭니다.
34km/h로 떨어지는 것과 같은 효과이죠.

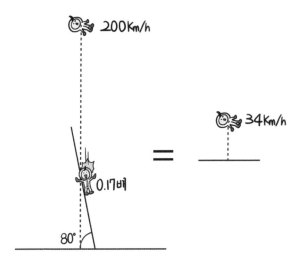

여기에 두껍게 쌓인 눈이 떨어질 때의 충격을 더 줄여준다면
생존 가능성은 더욱 올라가죠.
물론 이것은 아주아주 이상적인 상황입니다.

↳ @zp****
다음 생에 알프스 근처에서 태어
나면 꼭 시도해 보겠습니다.

그런데 이런 이상적인 상황을 실제로 겪은 사람이 있습니다.
세르비아의 비행기 승무원이었던 베스나 불로비치는
무려 10km 높이의 상공에서 폭발한
비행기에서 추락했지만 생존했어요.

↳ @ch****
앞으로 10km 상공에서 떨어질
땐 몸을 쫙 펴고 주변에 눈 덮인
비탈면이 있는지 잘 살펴봐야겠
네요. 꿀팁 감사합니다.

물론 몸의 여러 군데가 골절되어 크게 다치긴 했지만
재활 치료를 통해 완전히 회복했다고 해요.
이러한 기적 같은 이야기는 그녀를 한순간에 국민 영웅으로 만들었죠.
기네스북에도 올랐고요.

베스나 불로비치는 어떻게 살 수 있었을까요?
비행기가 폭파될 때 함께 떨어진 동체가 공기 저항을 높여줬고
그녀의 지병이었던 저혈압은
심장이 터지는 것을 막아줬어요.

어쨌든 살았잖아요? 그게 중요한 것이죠.

그러니 아무리 절박한 상황이라도 끝까지 포기하지 마세요.

해결 방법이 생길 수도 있어요.

10km 상공에서 떨어져도 살아남은 사람이 있으니까요.

↳ @Life****

비...행기에서 떨어지는 날이 온
다면 이 내용을 참고할게요.

↳ @yh****

'호랑이에게 물려 가도 정신만 차
리면 산다'를 길게 풀어서 설명해
주니 정말 좋네요.

↳ @use****

시험 점수가 떨어져도 삶의 희망
이 넘쳐난다는 이야기군요!

힘

어느 절벽 위에 서서 끝없이 펼쳐진 바다를 바라보고 있다고 상상해 보세요. 파도가 바위에 부딪혀 소금기 가득한 물보라를 일으키고 있어요. 한 손은 커다란 바위에 닿아 있고, 다른 손은 야구공을 움켜쥐고 있습니다. 이제 우리는 물리학에서 가장 기본적인 개념 중 하나인 힘의 세계로 여행을 떠날 준비가 되었습니다.

우선 기본부터 시작해 봅시다. 손에 쥔 야구공을 힘껏 던지면 야구공은 공중을 가르며 날아갑니다. 이 간단한 행동, 즉 **야구공을 정지 상태에서 운동 상태로 바꾸는 것이 바로 '힘'입니다.** 절벽에 위태롭게 걸쳐 있는 무거운 돌멩이를 살짝만 밀면 무언가가 잡아당기는 듯 절벽 아래로 굴러 떨어집니다. 힘은 보이지 않는 손과 같아서 정지 상태의 물체를 움직이게 하거나 방향을 바꾸게 합니다.

이제 좀 더 깊이 들어가 봅시다. 어떤 물체에 힘을 가하면 모양이 변하거나 움직임의 상태가 바뀌는 경우가 발생합니다. 예를 들어 제빵사가 손끝에 힘을 주어 빵 반죽의 모양을 만들거나, 엔진의 힘으로 갑자기 가속하는 경주용 자동차처럼 말이죠. 우리가 사는 이 세상은 힘의 무대입니다. 중력을 예로 들어 볼까요? 중력은 지구가 우리를 우주로 떠나지 못하게 붙잡는 힘으로, 마치 보이지 않는 줄과 같습니다. 무언가를 떨어뜨리면 중력이 그것을 지구 쪽으로 끌어당겨 가속시킵니다. 여기서 흥미로운 점은 물체가 떨어질 때 계속해서 빨라지지 않는다는 것입니다. 자전거를 탈 때 얼굴에 부딪히는 바람처럼 공기 저항이 중력을 상쇄하기 때문이죠.

중력과 공기 저항이 줄다리기를 하고 있다고 상상해 보세요. 처음에는 중력이 이겨 물체를 지구 쪽으로 더 빠르게 끌어당기지만, 물체가 빨라지면 공기 저항도 강해집니다. 그러다가 중력의 힘과 공기 저항의 힘이 균형을 이루는 지점이 옵니다. 그러면 물체는 더 이상 가속되지 않습니다. **물체는 계속해서 떨어지지만 속도는 일정하게 유지됩니다. 이것을 '종단 속도'라고 합니다.**

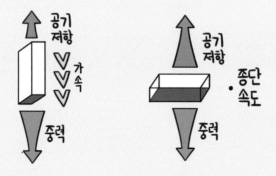

종단 속도는 각 물체의 무게와 표면적에 따라 달라집니다. 물체의 무게가 무거울수록 더 큰 종단 속도를 가지는데, 이는 무거운 물체의 더 큰 중력을 더 많은 공기 저항이 상쇄시켜야 하기 때문입니다. 공기 저항을 더 많이 얻으려면 속도가 더 빨라져야 하죠. 한편, 표면적이 큰 물체는 더 작은 종단 속도를 가집니다. 떨어지는 동안 더 많은 공기 분자들과 부딪혀 공기 저항이 커지기 때문이죠. 그래서 더 작은 속도에도 중력과 평형을 이룰 수 있는 공기 저항을 만들 수 있습니다.

우리는 보이지 않는 힘의 조화 속에 살고 있습니다. 부서지는 파도에서부터 휘몰아치는 바람까지 모든 움직임 뒤에는 힘의 이야기가 숨어 있답니다.

캐리비안의 해적 잭 스패로우는 이과생일까?

02

영화 <캐리비안의 해적: 블랙 펄의 저주>*에서
해적 캡틴 바르보사는 포트 로열을 공격해
영국 총독의 딸 엘리자베스를 납치합니다.

---

* 2003년 개봉한 미국의 판타지 모험 영화로, 영국 총독의 딸 엘리자베스를 연모하던 윌 터너가
해적 잭 스패로우를 만나 저주에 걸린 해적들과 싸우는 내용입니다.

이때 윌 터너는 엘리자베스를 구하기 위해
감옥에 갇힌 대(大)해적 잭 스패로우를 탈출시키죠.

둘은 해병들의 감시망을 피하기 위해
보트를 뒤집어쓰고 바닷속으로 들어갑니다.

보트 안에 생기는 에어 포켓을 이용한 것이죠.

기발하죠?

잭 스패로우가 이과생일까요?

뒤집힌 보트 안의 공기가
밖으로 빠져나가지 못하는 것은 사실입니다.

컵을 뒤집어 물속에 넣으면
그 안에 공기가 갇히죠.

하지만 문제는 부력입니다.
물속에 어떤 물체가 들어오면 물체가 차지한 공간에
원래 있었던 물의 무게만큼 부력을 받습니다.
물체의 무게가 부력보다 작으면 그 물체는 떠오르게 되죠.

사람의 몸은 대부분 물이기 때문에 부력과 무게가 비슷합니다.
그래서 물속에서 힘을 빼고 있으면 둥둥 떠오르는 것이죠.

그런데 보트 안의 공기는 부력이 매우 큰 것에 비해
무게는 아주 적습니다. 거의 없다 싶을 정도이죠.

그래서 잭 스패로우와 윌 터너가 이렇게 물속에서
보트를 들고 걷는 것은 영화이기에 가능한 장면입니다.
실제 상황이라면 둘은 수면으로 떠올라야 맞죠.

↳ @jaebak****
만약 윌과 잭의 몸에 무게추가 달려 있고 강인한 근력
과 근지구력이 있다면 에어 포켓의 부력을 이겨낼 수
있는 조건이 될까요?

↳ @user-tz1dm1****
잭 스패로우가 그만큼 힘이 좋은 줄 알았는데....

누군가의 빈자리를 차지할 땐
그 사람의 무게를 견뎌야 하는 법입니다.
그렇지 않으면 밀려나거든요.

↳ @yhj****
아... 왕관을 쓰려는 자 그 무게를
견디라는 말이군요.

↳ @gunlee****
이과형의 빈자리는 누구도 채울
수 없어요.

부력

왜 물속에 잠긴 물체는 같은 부피만큼 물 무게와 동일한 부력을 받게 될까요? 바로 물의 깊이에 따른 압력 차이 때문이에요. 수영장에서 더 깊이 잠수할수록 압력이 강해지는 것을 느껴본 적이 있나요? 친구들과 잠수 놀이를 하면서 느꼈던 그 압력이 바로 물리학의 중요한 원리인 '부력'을 이해하는 열쇠입니다.

물속에 무게가 없고 물에 둘러싸인 가상의 정육면체를 그려 봅시다. 정육면체의 윗면과 아랫면에 작용하는 압력은 다릅니다. 윗면보다 더 깊은 곳에 위치한 아랫면은 더 큰 압력을 받습니다. 그래서 아랫면이 위로 더 강한 힘을 받게 되죠.

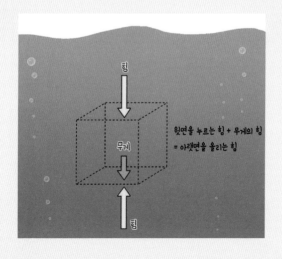

이 압력 차이가 바로 부력을 만드는 원인입니다. 부력의 크기를 이해하려면, 가상의 정육면체 안에 있는 물이 떠오르지 않고 정지해 있다는 사실에 주목해야 합니다. 이는 **힘의 평형이 이루어졌다는 의미**입니다. 쉽게 말해 윗면과 아랫면에 작용하는 힘 차이를 정육면체 안의 물 무게가 상쇄시킨다는 뜻이죠. 결국 윗면을 누르는 힘과 물 무게의 합은 아랫면을 올리는 힘과 동일하다는 것입니다.

이제 물속에 다른 물체가 들어와, 같은 부피의 물을 밀어내고 그 자리를 차지한다고 상상해 봅시다. 이때에도 압력 차이의 원리가 적용됩니다. 물체의 아랫면에 작용하는 힘이 윗면보다 더 강해 부력이 발생하죠. 그리고 이 부력의 크기는 밀려난 물의 무게와 동일합니다.

부력은 때때로 우리가 상상하는 것보다 훨씬 큰 크기를 가집니다. 거대한 크루즈 배 한 척의 평균 무게는 대략 10만 톤에 이르죠. 마치 63빌딩 건물이 물 위에 떠다니는 것과 같습니다. 이 막대한 무게를 지닌 배가 물 위에 떠 있는 것도 바로 부력의 원리 덕분입니다. 수면 아래에 있는 배의 하단 부피를 크게 만들어 많은 물을 밀어내면, 이 거대한 구조물이 마치 무게가 없는 것처럼 물 위에 안정적으로 떠오르게 됩니다.

75만 톤의 롯데월드타워는 왜 안 무너지는 걸까?

03

집은 무겁습니다.
단층 주택*의 무게는 대략 200톤이죠.

↳ @kk****
"집은 무겁습니다"라는 말 자체
가 진짜 신선하다. 전혀 생각해
본 적 없는 집의 무게.

---

* 대략 100m² 면적(30평 내외)의 집 기준입니다.

그런데 놀라운 점은
집의 대부분이 빈공간이라는 것입니다.
200톤의 무게를 겨우 10%의 면적이 떠받치고 있죠.
2층 건물의 경우 1층 기둥에 가해지는 압력이
무려 20만 파스칼* 이에요.

엄청나죠?

* 압력이나 변형력의 단위입니다.

이과형 발목의 둘레는 30cm예요.

(몸무게는 비밀이고요.)

한 발로 선다면 발목은 10만 파스칼의 압력을 받아요.

이층집의 기둥이 받는 압력의 절반이나 되죠?

집의 절반?

30cm
(71cm²)

10만Pa

↳ @lne****

몸무게는 비밀이라고요? 그런데
이것은 틀렸습니다! 발목의 둘레
가 30cm이므로 발목의 단면을
원으로 가정한다면....

↳ @passing****

형, 72.44 kg이구나ㅋㅋ

롯데월드타워의 무게는 약 75만 톤이에요.

서울 인구 전체의 무게이죠.

하지만 타워 아래 기둥이 받는 압력은

겨우 발목 압력의 100배 정도예요.

내 몸무게는
서울시 전체
인구수와 같지

헤헷

롯데 월드
타워

75만 톤

압력

압력

건물의 핵심은 하중의 분산입니다.
보*는 하중을 기둥으로 전달해요.

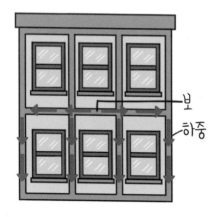

보

하중

이때 압축력과 장력을 모두 받는데
주요 자재인 콘크리트는 압축력에는 강하지만
장력엔 약해요.

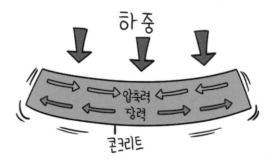

하중

압축력
장력

콘크리트

---

* 바닥과 천장을 이루는 구조물을 말합니다.

그래서 콘크리트 속에 장력에 강한 철근을 추가하죠.

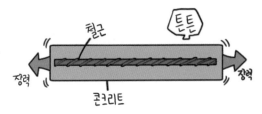

↳ @wk****
철근과 콘크리트의 조합은 신이
내린 선물이다.

하중의 최종 목적지는 말뚝입니다.
말뚝을 통해 하중이 잘 분산되면서 무너지지 않는 거예요.

↳ @RAWE-d****
오, 뭔 말인지 전혀 모르겠는데 있
어 보이니까 나중에 써 먹을게요!

↳ @user-wm7rw9****
수능 콘크리트 지문이 생각났다면
추천 ㅋㅋㅋ

↳ @su_y____****
토목과 재학 중인데 너무 좋은 내
용이네요.

힘의 평형

힘은 물체의 운동 상태를 변화시키는 능력입니다. 예를 들어, 야구공을 던질 때 팔 근육이 공에 힘을 가해 공이 앞으로 나아가게 합니다. 마찬가지로 옥상에서 달걀을 떨어뜨리면 보이지 않지만 강력한 중력이 달걀을 땅으로 끌어당깁니다.

하지만 때로는 물체에 힘이 작용해도 그 운동 상태가 변하지 않는 경우가 있는데, 바로 힘이 평형 상태에 있을 때입니다. **힘의 평형**을 이루려면 물체에 작용하는 힘의 합이 0이 되어야 합니다. 다시 말해서 **모든 힘을 합치면 서로 상쇄되어야 한다**는 의미입니다. 그런데 **힘은 크기와 방향을 가지고 있어요.** 이것을 어떻게 더할 수 있을까요? 쉽게 이해하기 위해 힘을 화살표의 길이와 방향으로 나타내 봅시다.

화살표의 길이는 '힘의 크기'를, 화살표의 방향은 '힘의 방향'을 나타냅니다. 힘을 더하는 것은 이 화살표들을 연결하는 것과 같습니다. 모든 화살표를 연결했을 때 출발점으로 돌아온다면 힘은 평형 상태에 있는 것입니다.

038

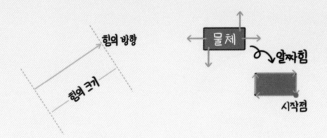

힘의 평형을 이루면 물체의 무게 중심은 움직이지 않습니다. 그런데 왜 '물체가 움직이지 않는다'고 말하지 않고 '물체의 무게 중심이 움직이지 않는다'고 말할까요? 그 이유는 힘의 합이 0이 되어도 물체가 회전할 수 있기 때문입니다.

물체가 무게 중심을 기준으로 회전하면 무게 중심은 그대로이지만, 물체가 완전히 정지하려면 힘의 합이 0이라는 조건 외에 또 다른 조건이 필요합니다. 바로 **돌림힘의 평형**입니다.

돌림힘은 물체를 회전시키는 힘으로, 작용하는 힘과 회전 중심까지의 거리에 의해서 결정됩니다. 시소를 예로 들어 보겠습니다. 시소의 중심점을 기준으로 양쪽에 앉은 사람들은 시소를 서로 반대 방향으로 회전시키려고 합니다. 만약 시소의 양쪽에 중심점으로부터 같은 거리만큼 떨어져 같은 무게의 사람이 앉아있다면 시소는 균형을 이루지만, 한 사람이 더 무겁거나 중심점에서 더 멀리 앉으면 더 큰 돌림힘을 갖게 되어 시소는 그쪽으로 기울게 되죠.

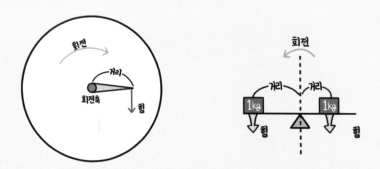

  힘의 평형은 놀이터의 시소뿐만 아니라 거대한 건축물에도 적용됩니다. 건축가들은 건축물이 무너지지 않도록 힘과 돌림힘의 균형을 맞춰 신중하게 설계해야 합니다. 주변에 하늘을 찌를 듯이 솟은 고층 건물이 보이나요? 이제부터는 우리 눈에 보이지 않지만 주변 세계를 지탱하는 힘의 섬세한 균형을 한번 찾아보는 건 어떨까요?

누리호는 이상합니다

별것 아닌 것 같지만 정말 중요한 부품이 빠져 있잖아요.
바로 꼬리 날개요.

누리호는 이상합니다.
어릴 때 물 로켓을 만들어 본 경험이 있다면
누리호의 이상한 점을 발견할 수 있죠.

별것 아닌 것 같지만 정말 중요한 부품이 빠져 있잖아요.
바로 꼬리 날개요.

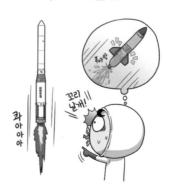

로켓이 하늘로 올라가다가 공기 저항이나 바람 때문에
아주 약간 기울어진다고 생각해 보세요.
로켓의 끝에서 미는 힘인 추력은 동체를 더욱 회전시킵니다.

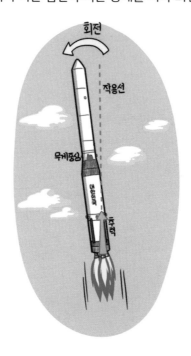

손가락 위에 연필을 세우고 똑바로 들어올리는 건 너무 어렵잖아요?
이와 같은 원리죠.

그래서 비행기나 로켓엔 꼬리 날개가 달려 있어요.
예쁘게 보이라고 달아준 장식이 아니랍니다.
꼬리 날개는 공기 저항으로 인해
동체가 회전하는 것을 막아줘요.

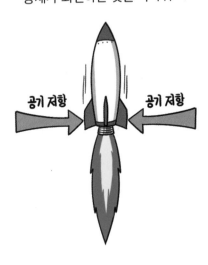

그런데 왜 누리호엔 꼬리 날개가 없는 것일까요?

하늘로 30km 이상 올라가면 공기가 희박해져서
꼬리 날개는 무용지물이 됩니다.
불필요한 데다가 무겁기까지 하죠.

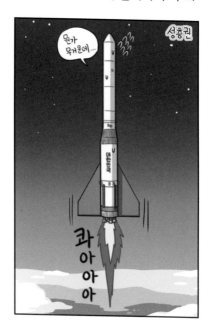

그래서 요새는 꼬리 날개보다 짐벌 시스템을 이용해요.
카메라로 동영상을 촬영할 때 쓰는 짐벌과 비슷한 기능이죠.

동체의 기울기에 맞춰 추력의 방향을 조절해요.
손가락 위에 올려둔 연필이 떨어지지 않으려면
손을 계속 움직여야 하는 것처럼 말이죠.

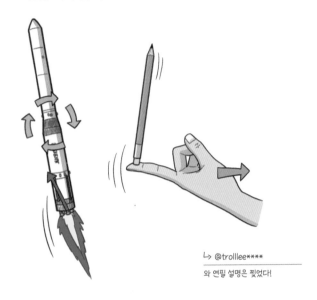

↳ @trolllee****
와 연필 설명은 찢었다!

누리호에는 4개의 엔진이 달려 있어요.
그래서 4개의 엔진을 각각 컨트롤하는 복잡한 시스템이 필요하죠.

또 발사에 성공하려면
4개 엔진을 0.1초의 오차도 없이
동시에 점화해야 하고요.

로켓 엔진이 라이터처럼 **틱!** 켜지지는 않을 거잖아요?
쉬운 일이 아니죠.
성공적으로 날아오른 누리호에게 박수 한 번 쳐 주자고요.

↳ @sseyody****
대수롭지 않게 생각하는 사람들도 많던데 정말 대단
한 거임ㅠㅠ 우리나라 기술진들 박수 받아 마땅함.

↳ @user-ip5if1****
누리호 진짜 대단하네요!

돌림힘과 굴림 운동

로켓의 비행은 마치 첨단 과학의 마술과도 같습니다. 하지만 왜 로켓이 뒤에서 미는 추력으로 인해 불안정해지는지 정확히 이해하려면 물리학의 간단한 기본 원리를 알아야 합니다. 그래서 먼저 돌림힘과 굴림 운동이라는 두 가지 개념을 알아보겠습니다.

돌림힘은 회전축을 중심으로 힘의 방향을 향해 물체를 회전시키는 힘입니다. 오른쪽 그림과 같이 스피너를 회전시킬 때를 떠올리면 이해하기 쉽습니다.

굴림 운동은 물체가 회전하면서 앞으로 나아가는 운동입니다. 예를 들어

▲ 돌림힘으로 움직이는 스피너

막대기가 회전하면서 앞으로 날아가는 현상이 굴림 운동입니다. 굴림 운동은 막대기의 무게 중심이 회전하지 않고 똑바로 나아가는 병진 운동과 막대기가 무게 중심을 기준으로 회전하는 회전 운동 두 가지로 나누어 생각할 수 있습니다. 만약 막대기의 무게 중심과 똑같은 속도로 나아가는 자동차에서 막대기를 본다면, 무게 중심을 기준으로 제자리에서 회전하는 모습을 볼 수 있습니다.

그렇다면, 로켓이 왜 추력으로 인해 불안정해지는지 알아봅시다.

현재 로켓의 무게 중심과 똑같은 병진 속도*로 날아가면서 로켓을 보고 있다고 가정해 봅시다. 로켓이 우주로 날아갈 때는 추력과 진행방향이 직선을 유지하는 것이 중요합니다. 하지만 실제로는 완전히 직선을 유지하기란 매우 어렵습니다. 만약 **바람의 영향으로 로켓이 살짝 기울어지면 뒤에서 미는 힘인 추력의 작용선이 로켓의 무게 중심에서 벗어납니다.** 그럼 로켓이 기울어진 방향으로 더욱 회전하게 만드는 돌림힘이 생기죠.

뒤에서 미는 힘인 추력과는 반대로 앞에서 당기는 힘은 어떨까요? 만약 로켓 앞에서 잡아당기는 줄에 의해 로켓이 날아간다고 가정한다면 어떨까요? 앞에서 당기는 힘은 로켓이 기울었을 때 무게 중심을 원래의 직선 경로로 되돌리려는 방향으로 돌림힘이 작용합니다. 즉, 앞에서 당기는 힘은 로켓이 균형을 잃었을 때 이를 복원하는 데 도움을 주죠. 결국 뒤에서 작용하는 추력은 로켓이 기울어질 때 더 많은 불안정성을 가져오는 반면, 앞에서 작용하는 힘은 이를 회복시키는 역할을 합니다.

이러한 물리학적 기본 원리는 로켓 과학과 우주 비행의 복잡한 세계에서 매우 중요하답니다. 과학의 복잡한 세계도 결국 기초에서 시작하는 것이니까요.

---

* 회전하지 않고 직선으로 날아가는 병진 운동의 속도를 의미합니다.

도라에몽 대나무 헬리콥터는 왜 아직 못 만들까? |05

도라에몽의 비밀 도구는 우릴 설레게 해요.
문만 열면 어디든지 갈수 있는 '어디로든 문',
시간을 마음대로 조정하는 '타임 보자기'.

정말 환상적이죠?
하지만 사실 오늘날의 과학 기술로는
이런 것들을 만들기에 아직 부족합니다.

그렇다면 이것은 어떨까요?
바로 도라에몽의 '대나무 헬리콥터'요.
머리에 대나무 프로펠러를 달면
어디로든 날아갈 수 있는 최고의 아이템이죠.

요즘은 기술이 발전하여
휴대할 수 있는 가벼운 배터리가 있으니
이 정도는 충분히 만들 수 있지 않을까요?
아주 약간만 난다 해도 말이죠.

↳ @eyes****

동심을 품고 있던 사람이 공부하면
생기는 일 ㅋㅋ

그런데 이것은 틀렸습니다!

한번 룰렛 회전판 위에 서 있다고 상상해 봅시다.
앞으로 달리기 위해 발로 룰렛을 뒤로 밀며 달리면
룰렛은 나를 앞으로 밉니다.
작용-반작용 법칙이죠.
그리고 결국 룰렛과 나는 반대로 움직이게 돼요.
이 역시 작용-반작용이죠.

프로펠러는 회전하기 위해 나에게 힘을 가하겠죠?

그리고 이 힘은 프로펠러의 회전 방향과 반대로 나를 회전시킵니다.

이것을 각운동량 보존이라고 해요.

회전하는 물체가 가지는 운동량은 항상 보존된다는 의미이죠.

회전하는 팽이가 쓰러지지 않는 이유도 이 때문이에요.

처음에 나의 각운동량은 0이었어요.

하지만 프로펠러가 회전하면서 각운동량이 생기겠죠?

각운동량이 보존되려면 반대 방향의 각운동량이 생겨야 합니다.

그래야 상쇄되거든요.

↳ @KimDoH****

각운동량을 0으로 만들기 위해
이중 반전 프로펠러를 사용하면
되겠군요! 고막은 책임지지 않습
니다.

이 각운동량이 바로 반대로 회전하는 나입니다.
대나무 헬리콥터는 사실 굉장히 어지러운 도구였네요.

↳ @user-dm1xo4****
도라에몽 극장판에서 대나무 헬리콥터 살짝 이상했을 때 진구도 막 돌던데, 그게 나름 현실적이었네....

↳ @net****
도라에몽 스탠바이미에서 진구가 대나무 헬리콥터 첨 쓰는 거 보면 이 형이 설명한 것 마냥 진구 몸 전체가 막 돌아감 ㅋㅋㅋㅋ

↳ @sl****
몸이 드릴처럼 빙글대면서 앞으로 갈 거 생각하니 너무 웃김 ㅠㅠㅠ ㅠㅠㅠㅠ

운동량과 각운동량

어느 조용한 도로에 서 있는데 갑자기 한쪽에서는 덤프트럭이, 다른 쪽에서는 오토바이가 같은 속도로 달려오고 있다고 상상해 보세요. 충돌을 피할 수 없는 상황이라면 어느 쪽을 선택할 건가요? 대다수의 사람들은 오토바이를 택할 거예요. 왜 그럴까요?

이건 물리학에서 말하는 '운동량'이라는 개념과 관련이 있습니다. 운동량은 운동하는 물체가 가지고 있는 능력을 나타내는 것으로, 수학적으로는 '운동량 = 질량 × 속도'로 표현합니다. 덤프트럭은 오토바이보다 훨씬 무겁기 때문에 같은 속도로 움직일 때 훨씬 더 큰 운동량을 가지고 있죠.

여기서 재미있는 점이 있어요. 운동량은 항상 보존됩니다. 외부에서 힘이 작용하지 않는다면 질량과 속도를 곱한 값이 항상 일정해야 합니다.

두 물체가 충돌하면 서로의 운동량을 주고받습니다. 운동량 보존 원리 때문에 충돌 전과 후의 총 운동량이 같아야 합니다. 그래서 물체들은 충돌 후 마구잡이로 튕겨 나가는 것이 아니라, 물리적인 규칙에 따라 튕겨 나갑니다. 또 다른 중요한 점은 운동량에는 방향성이 있다는 사실입니다. 예를 들어, 질량이 같은 두 물체가 같은 속력으로 마주 오고(반대 방향) 있다면, 두 물체가 가진 총 운동량은 0이 됩니다. 그래서 두 물체가 마주치면 충돌한 후에도 총 운동량이 여전히 0이 되어야 해요. 이는 두 물체가 서로 반대 방향으로 튕겨 나가거나 둘 다 멈추게 된다는 것을 의미하며, 둘 중에 어떤 운동을 할지는 에너지 보존 법칙에 따라 결정됩니다.

각운동량은 회전과 관련된 운동량으로, 회전하는 물체가 지니고 있는 회전 운동량이라고 할 수 있어요. 간단히 말해서 물체가 빠르게 회전할수록, 더 무거울수록 각운동량이 커집니다. 운동량과 조금 다른 점은 물체의 질량이 회전축에서 더 먼 곳에 분포할수록 각운동량이 커진다는 사실이에요.

각운동량은 수학적으로 '각운동량 = 회전 관성 × 회전 속도'로 표현할 수 있어요. 회전 관성은 물체의 질량과 질량 분포에 관한 것인데, 이에 대해서는 다음 장(고양이가 물리학을 파괴한 것일까?)에서 더 자세히 배우겠습니다.

운동량이 보존되는 것처럼 각운동량도 외부 힘의 작용이 없으면 보존됩니다. 이는 회전하는 물체가 계속해서 회전하는 이유를 설명해주죠. 각운동량은 방향성을 가지고 있는데, 이는 물체가 회전하는 방향에 따라 결정돼요. 이해를 돕기 위해 하나는 시계 방향으로, 다른 하나는 반시계 방향으로 회전하는 팽이 두 개를 떠올려 볼까요? 두 팽이의 각운

▲ 회전하는 팽이

동량은 서로 반대 방향입니다. 시계 방향으로 회전하는 팽이는 회전축의 아래 방향을 각운동량 방향으로 정하고, 반시계 방향으로 회전하는 팽이는 회전축의 위 방향을 각운동량의 방향으로 정합니다.

회전 의자에 앉아 상체를 시계 방향으로 돌려 보면 하체는 반대 방향으로 돌아갈 거예요. 이는 각운동량 보존 원리에 따른 것입니다. 나의 상체가 회전하며 각운동량이 생겼기 때문에, 몸의 총 각운동량이 보존되기 위해서는 하체가 반대 방향으로 회전해야 하죠.

각운동량 보존은 힘의 작용-반작용 법칙과도 관련이 있어요. 상체가 회전하려면 하체로부터 힘을 받아야 하는데, 하체로부터 힘을 받는 상체는 동시에 반작용 힘을 하체에 주게 됩니다. 그래서 하체는 상체와 반대로 회전하는 것이에요. 땅에서 위로 뛸 때 땅에 힘을 가하면 반작용의 힘으로 뛰어오르는 것과 같습니다.

이제 도라에몽의 대나무 헬리콥터가 왜 불가능한지 알겠죠?

고양이가 물리학을
파괴한 것일까?

06

만약 내가 높은 곳에서 뒤집혀 떨어졌다고 상상해 보세요.
그럼 나는 땅에 떨어지기 전까지 몸을
다시 원래대로 뒤집을 수 있을까요?
정신만 똑바로 차리면 별로 어렵지 않을 것 같죠?

그런데 이것은
틀렸습니다!

↳ @ai****
엎드려 죽나, 뒤집혀 죽나ㅋㅋㅋㅋㅋ

각운동량 보존에 의해

상체를 돌리면 하체는 반대로 회전할 거예요.

그래서 허공에서 허우적대다 땅에 충돌하고 말겠죠.

↳ @v***

와! 이거 보고 생각났는데 어릴 때 어디선가 떨어지다가 저렇게 허우적댔던 기억이 있네요. 거기에 그런 원리가 있었을 줄이야....

그런데 이상하죠?

고양이는 높은 곳에서 떨어질 때 언제나 발로 땅을 딛거든요.

이건 물리학적으로 불가능해 보이죠.

그래서 1894년, 파리 과학 아카데미는
이 문제를 해결해달라고 대중에게 공개적으로 요청했어요.

이 문제를 푼 것은 프랑스의 생리학자 에티엔 쥘 마레입니다.
그는 고속 카메라를 발명해 고양이의 추락 과정을 촬영했어요.
그리고 놀라운 사실을 발견했죠.

↳ @beandouble****
여기서 봐야 할 점: 고속 카메라를 '발명'해ㅋㅋㅋㅋ

↳ @user-hs5yy3****
고양이 때문에 초고속 카메라를 발명한 그는 대체....

피겨 스케이팅에서 한 발을 축으로
팽이처럼 도는 동작을 본 적이 있죠?
이런 동작을 '피루엣'이라고 해요.
동일한 각운동량에서 팔을 당기면
회전 관성이 작아져 회전 속도가 빨라집니다.

고양이는 이 원리를 이용했어요.
앞다리를 당기고 뒷다리를 쭉 펴서 상체를 빠르게 회전한 뒤
앞다리를 쭉 펴고 뒷다리를 당겨서
하체를 상체 쪽으로 가져오는 것이죠.

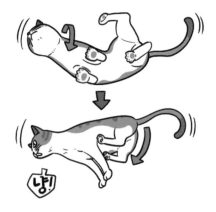

이제 원리를 알았으니
쉽게 따라 할 수 있겠죠?
손을 몸에 붙여 180도 뒤집고 다리는 쭉 펴면...

당연히 안 되겠죠?
고양이도 원리를 알고 한 것은 아닐 거예요.

↳ @all-i****
우린 알아도 못하고, 고양이는 몰
라도 하네 ㅋㅋㅋㅋㅋㅋㅋㅋ

↳ @user-xl5xf3****
고양이 굉장하다....

회전 관성

두 개의 정사각형 바위가 있어요. 하나는 크고 하나는 작아요. 이제 이들을 같은 힘으로 밀어요. 큰 바위는 천천히 가속되는 반면, 작은 바위는 빠르게 가속합니다. 이유가 무엇일까요? 바로 '질량' 때문이에요. 질량은 물체가 힘을 받았을 때 속도 변화를 결정하는 요소입니다. 질량이 클수록 가속이 느리고 질량이 작을수록 가속이 빨라집니다.

그렇다면 이야기를 조금 바꿔서, 이 바위들이 둥글다면 어떨까요? 바위들을 밀면 바위들이 구르기 시작합니다. 똑같은 힘으로 밀었을 때 큰 바위는 천천히 구르고 작은 바위는 빠르게 구릅니다. 더 정확히 설명하면 큰 바위는 회전 속도가 느리게 증가하고 작은 바위는 빠르게 증가하는데, 이때 회전 관성이라는 개념이 등장해요.

물체에 힘을 주었을 때 회전 속도가 빠르게 변할지 느리게 변할지 결정하는 성질을 '회전 관성'이라고 해요. 회전 관성은 질량과 유사한 개념이지만 회전하는 물체에 적용되는 것이죠. 물체의 질량이 클수록 회전 관성이 커져 그 회전 속도를 높이거나 줄이기가 더 어려워져요. 큰 바위의 회전 속도를 변화시키기 어려운 이유도 질량 때문이에요. 하지만 질량이 똑같은 물체라도 회전 관성이 다를 수 있어요. 왜냐하면 회전 관성은 물체에 질량이 분포된 형태에도 영향을 받기 때문이죠. 총 질량이 똑같더라도 질량의 대부분이 회전축과 먼 곳에 분포되어 있다면, 회전 관성이 커져요. 이러한 물체는 회전 속도를 변화시키기가 더 어려워요.

▲ 허리 돌리기 운동 기구

이 현상을 이해하는 재미있는 방법이 있습니다. 동네 공원에 가면 여러 가지 운동 시설이 있는데 그중에 돌림판처럼 생긴 허리 돌리기 운동 기구가 있습니다. 이 돌림판 위에 서서 팔을 벌리고 천천히 회전하다가 팔을 가슴 쪽으로 모으면 갑자기 회전 속도가 빨라져요. 그 이유는 몸의 회전 관성을 바꿨기 때문이에요. 팔을 벌렸을 때는 몸의 질량 분포가 회전축으로부터 멀리 퍼져 있어 회전 관성이 크지만, 팔을 모으면 질량 분포가 회전축에 가까워져 회전 관성이 줄어들어요. 각운동량은 회전 관성과 회전 속도의 곱으로 결정되는데, 외부힘이 작용하지 않으면 각운동량은 계속 보존되어야 합니다. 그래서 회전 관성이 줄어들면 회전 속도가 증가해야 하는 것이죠.

정말 재미있지 않나요? 과학은 단순히 공식에만 있는 것이 아니라 우리 주변 세계에서 이런 신기한 현상들을 경험하고 이해하며 찾을 수 있어요. 다음에 공원에 가면 직접 체험해 보고 과학 원리를 몸으로 느껴 보세요!

추락하는 엘리베이터에서 점프하면 살 수 있을까? 07

무협 만화를 보는데 이런 장면이 나왔어요.
위기에 처한 주인공이 절벽으로 떨어졌어요.

무공 고수였던 주인공은 순간적으로
오른쪽 발등을 왼발로 차서 뛰어올랐어요.
정말 대단하죠?

↳ @gunlee****

ㅋㅋㅋㅋㅋ 오른발을 왼발로 차서 올
라온다는 장면은 상상도 못했네!

↳ @miri****

오른발등을 왼발로 차서 뛰어오르
다니 ㅋㅋㅋ 작가가 누구야? ㅋㅋㅋ
ㅋㅋ

오른발과 왼발은 함께 있는 한몸이잖아요.

오른발과 왼발이 주고받는 힘은 내부힘입니다.
작용-반작용이 작용해 결국 몸에 작용하는 합력이 0이 되죠.
그래서 내부힘은 물체의 운동 상태를 바꿀 수 없어요.

그럼 외부힘이라면 어떨까요?
예를 들어, 떨어지는 자전거에서 충돌 직전에 뛰어오르거나
엘리베이터가 추락할 때 충돌 직전에
위로 폴짝 뛰면 살 수 있을까요?

결론부터 말하자면, 살 수 있습니다.
단, 나의 점프력이 떨어진 건물 높이까지 뛸 수 있다면 말이죠.

↳ @blackcatb****
살 수 있다고 해놓고 '건물 높이만
큼 뛰면'이라면 그냥 죽는다는 얘
기잖아 형ㅋㅋㅋㅋㅋㅋ

↳ @Iㅈㅣㅈㅣㅈㅣㅈㅣㅈㅣㅣㅣㅣ****
어이, 진정한 무공의 고수는 우주
의 힘을 빌린다고.

일반적인 점프력에선 낙하 속도를 아주 약간만 감소시킬 뿐이에요.

차라리 충격에 대비하는 자세를 갖추는 것이 좋죠.
MIT 연구진에 따르면 엘리베이터가 추락할 땐 대(大)자로 누워
충격을 온몸에 분산시키는 것이 생존 확률을 가장 높인다고 합니다.
앞으로 살고 싶다면 뛰지 말고 충격에 대비하세요.

↳ @justm****
와! 마침 타고 있는 엘리베이터가 추락하고 있었는데
다행히 이 영상을 지금 본 덕분에 잘 대처할 수 있....

↳ @Irelia-v****
"그런데 이것은 틀렸습니다" 왜냐하면 저런 상황이
오면 아무것도 생각나지 않을 것이기 때문입니다.

충격량

이 주제를 다룬 유튜브 쇼츠 영상에 달린 댓글에 추락하는 무협 고수를 구하기 위한 포럼이 열렸습니다. 내공을 사용하거나 발을 떼어내는 등 참신하고 다양한 아이디어들이 나왔죠. 이중에서 이과형이 생각하는 가장 과학적인 방법은 신발을 아래로 던지는 것입니다. 마치 로켓이 연료를 방출하며 솟아오르듯 신발을 방출하고 솟아오르는 것이죠.

간단한 물리 법칙으로 무협 고수가 절벽을 다시 오르기 위해 신발을 얼마나 빠르게 방출해야 하는지 알 수 있습니다. 무협 고수는 절벽에서 떨어진 지 1초 만에 대략 5m 정도 떨어집니다. 떨어지는 속도(하향 속도)는 초속 10m에 달하지요. 그가 하강을 멈추고 다시 절벽 꼭대기로 돌아가려면 위쪽 방향으로 초속 10m의 속도(상향 속도)를 얻어야 합니다. 그럼 중력에 의해 속도가 점점 줄어들다가 원래 떨어진 위치에서 0이 될 수 있습니다.

무협 고수의 몸무게가 100kg이라고 가정했을 때, 그의 속도를 하향 10m/s에서 상향 10m/s로 전환하려면 2000(kg·m/s)의 운동량* 변화가 필요합니다. 이 운동량은 발사되는 신발로부터 얻어야 합니다. 만약 그의 신발이 무협지에 자주 등장하는 만년한철**로 만들어져 10kg이나 된다고 하더라도, 이를 달성하려면 신발을 초속 200m의 속도로 발사해야 합니다. 이는 시속 720km에 해당하며 비행기 속도와 맞먹는 수준입니다!

더 비현실적인 방법처럼 보이는 이 아이디어는 물리학의 관점에서 검토할 때 왼발로 오른쪽 발등을 차서 뛰어오르는 것보다 과학적인 위기 탈출 방법입니다. 물론 이 방법은 재미를 위해 분석해 본 것이고, 이보다 더 과학적인 생존 방법은 무엇일지 한번 생각해 보세요!

---

* 운동량＝질량 × 속도입니다.

** 무협지에 등장하는 철보다 몇 배 더 무겁다는 허구의 물질입니다.

08

티아고의 어뢰슛은
물리 법칙을 파괴했을까?

인터넷 영상을 보는데 잉글랜드 리버풀의
티아고 선수가 특이한 슛을 하네요.
잔디에 낮게 깔려 날아가던 공이 위로 솟아올랐어요.
어뢰슛이래요.

↳ @karinafavo****
티아고의 저 슛 볼 때마다 '이과
형이 설명해 주시겠지'라고 생각
한 1인.

그런데 뉴턴의 운동 법칙에 따르면
모든 물질은 땅으로 떨어져야 하거든요.
떨어지는 속도가 9.8m/s씩 커져야 되죠.

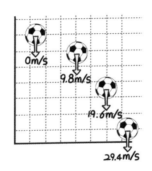

그렇다면, 이상하죠?
티아고의 공은 왜 떠오르는 것일까요?

↳ @DesireToFly****
티아고는 알까? 자신의 슛이 이
과형 채널에 소개된 줄?

땅과 공 사이는 진공이 아닙니다. 공기 분자들이 존재하죠.
공이 앞으로 나아가며 빠르게 회전하면서
공기 분자들과 마찰을 일으킵니다.

공기 분자들의 흐름과 같은 방향으로 회전하는 쪽은
공기의 흐름을 빠르게 해요.
하지만 반대로 회전하는 쪽은 공기의 흐름이 느려지게 하죠.

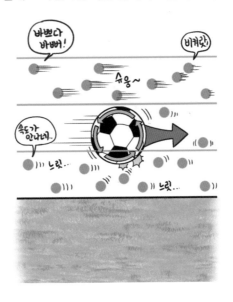

속력이 달라진 위와 아래의 공기는
공을 빠져나가면서 방향이 꺾입니다.

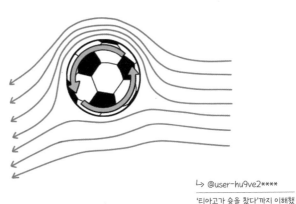

↳ @user-hu9ve2****
'티아고가 슛을 찼다'까지 이해했
습니다.

공기 흐름을 꺾은 것은 공입니다.
공은 공기를 아래로 잡아당기고, 공기는 공을 위로 잡아당기죠.
이 힘이 공을 떠오르게 합니다.
이를 마그누스 효과라고 해요.

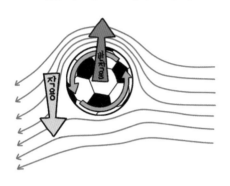

따라서 이 슛은 어뢰슛이 아니라
'마그누스 슛'이라고 하는 게 좋겠어요.
어뢰는 회전해서 휘는 게 아니니까요!

↳ @mangnani_executi****
마그누스와 티아고 두 분에게 무슨 일이 있었는지 모르
지만 원만한 합의가 있길 바랍니다.

↳ @Hing9****
무회전 슛이 휘는 이유는 이기길 응원하는 팬들과 무수
히 연습한 선수의 열정을 공이 알아줬기 때문입니다.

마그누스 효과

마그누스 효과는 종종 잘못 이해되거나 베르누이의 원리와 연결 지어 설명되곤 합니다. 베르누이의 원리에 따르면 '빠르게 이동하는 기체의 압력은 작아진다'고 합니다. 하지만 이것은 때론 기체와 같은 유체의 운동을 이해하는 데 오해를 줄 수 있습니다. 마그누스 효과에 대한 오해도 그중 하나라고 할 수 있습니다.

기체 분자들을 떠올려 볼까요? 마치 놀이터에서 뛰노는 어린 아이들처럼 사방으로 불규칙하게 움직이며 주변의 모든 것과 부딪치죠. 이런 불규칙한 움직임이 바로 압력을 만듭니다. 이제 이 분자들이 불규칙하게 움직이는 것이 아니라, 특정한 방향으로 흐른다고 상상해 보세요. 마치 내가 아무 방향으로나 한 발자국씩 걷는데 앞으로 조금 더 많이 걷는 것처럼요. 그러면 결국 앞으로 조금씩 나아가게 되겠죠?

베르누이 원리는 이러한 기체의 흐름에서 에너지 보존이 이루어진다고 말해요. 기체의 속도가 빨라진다는 것은 그 방향으로의 움직임이 더 강해졌다는 의미지요. 마치 마구잡이로 달리다가 갑자기 한쪽으로 스프린트(전력 질주)를 하는 것처럼 더 많은 에너지를 그 방향으로 사용하는 것입니다. 기체 분자들 입장에서는 무작위 운동에 쓰이던 에너지가 줄어드는 것이고, 이는 곧 압력이 낮아진다는 것을 의미해요.

하지만 사람들은 기체의 속도가 빨라지면 항상 압력이 낮아진다고 생각하는데, 원인과 결과를 잘 파악해야 합니다. 기체의 속도가 다른 외부 힘에 의해 빨라졌다면 압력이 낮아지지 않아도 되니까요.

마그누스 효과를 이해할 때도 마찬가지입니다. 마치 마술사의 트릭 같은 이 현상은 공기의 흐름에 마찰이라는 외부 힘이 작용한 것이죠. 그래서 베르누이 원리를 적용하기에는 어려움이 발생합니다.

이 트릭을 해결할 진짜 주인공은 뉴턴의 제3법칙인 작용-반작용 법칙입니다. 공을 통과하는 기체의 흐름은 공과의 접촉을 통해 공의 앞과 뒤에서 방향을 바꿉니다. **공과의 마찰로 속력이 빨라진 쪽에서 느려진 쪽으로 방향을 꺾는 것이죠.**[*]

이 기체에 힘을 작용했다고 할 수 있어요. 모든 힘은 작용-반작용으로 작용하기 때문에 공이 기체에 힘을 가했다면 기체도 공에 힘을 가해야 해요. 내가 벽을 손으로 민다면 벽도 나를 밀쳐내는 것과 같죠. 그래서 내가 벽에서 밀려나는 것입니다. 공은 기체 흐름이 꺾인 방향의 반대로 힘을 받게 됩니다. 기체 흐름이 아래로 꺾였다면 위로 힘을 받아 떠오르죠. 이것은 비행기가 하늘에 뜨는 양력의 원리이기도 합니다.

---

[*] 이 과정은 사실 복잡하지만 간단히 설명하면 다음과 같습니다. 속도가 빠른 공기는 공기 표면에 더 강하게 부착되려는 현상이 발생합니다. 이것을 코안다 효과라고 해요. 공의 위쪽에서 빠른 속도로 흐르는 공기가 공 뒤의 압력이 낮은 영역으로 진입할 때 공과 더 강하게 부착되어 흐름이 꺾이게 됩니다.

대체 미분이란 무엇일까?

09

수학 시간에 미분을 배웠나요?
분명 배운 것 같은데 왜 설명하려면 어렵죠?
사실 어렵지 않습니다.

아직 안 배웠다고요?
그렇다면 정말 운이 좋은 겁니다.
앞으로 미분을 쉽게 이해할 테니까요.

뉴턴은 힘이 물체의 속력을 변화시킨다고 했어요.
속력의 변화를 얘기하려면 A순간의 속력과
B순간의 속력을 알아야 하잖아요?

속력은 물체의 빠르기예요.

속력을 알려면 물체가 어떤 시간 동안 이동한 거리가 필요하죠.

그래서 속력을 구하려면 항상 두 지점이 필요해요.

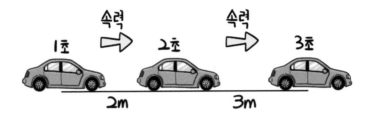

'순간'이란 시간 변화가 없어요.

그래서 속력을 말할 수 없죠.

움직이는 물체를 사진으로 찍은 것과 같아요.*

---

* 사실 실제 사진도 순간을 찍지는 못합니다. 빛이 일정 시간 동안 카메라에 들어 온 것을 감지하기 때문에 잔상이 생깁니다.

우리가 할 수 있는 것은
어떤 것을 A의 순간 속력이라고 정할지 고민하는 거예요.

어쨌든 A의 순간 속력은 A를 포함하는 구간의 속력이겠죠?
그리고 A를 포함한 구간의 시간 간격이 짧을수록
순간 속력을 더 정확히 알 수 있죠.

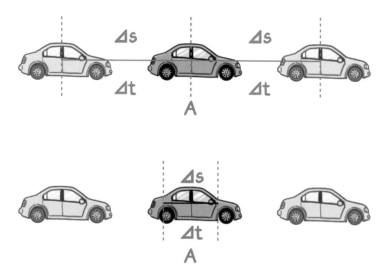

위치-시간 그래프에서 시간과 위치의 변화를 이용해
삼각형을 그렸을 때, 빗변의 기울기가 바로 속력입니다.

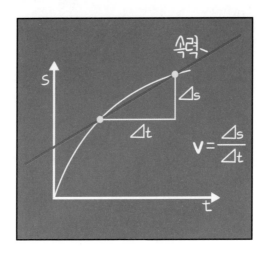

A순간과의 시간 간격을 짧게 할수록
빗변이 접선과 같아지겠죠?
그래서 A순간의 접선 기울기가
우리가 생각하는 순간 속력과 가장 가까워요.

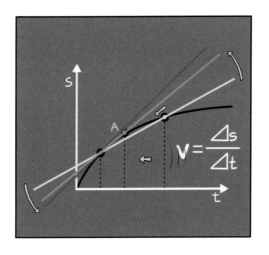

이것이 바로 뉴턴이 생각한 미분이에요.

알아 두면 쓸모 있는
과학 지식

위치-시간 그래프

물체의 움직임을 이해하는 데 그래프는 매우 중요한 도구입니다. 그중에서도 학교에서 처음에 배우는 위치-시간 그래프에 대해서 알아봅시다.

어떤 물체가 2초 동안 2m를 이동했다고 한다면, 평균 속력은 이동 거리 2m를 걸린 시간 2초로 나누어 1m/s입니다.

$$평균\ 속력 = \frac{이동\ 거리}{걸린\ 시간} = \frac{2m}{2s} = 1m/s$$

1m/s의 의미는 이 물체가 1초에 1m씩 이동하는 빠르기라는 의미입니다. 2초 동안에는 2m를 가겠죠? 이때, 평균 속력이라고 하는 이유는 이 물체가 이동하는 과정에 1m/s 보다 빠르게 또는 느리게 이동했을 수도 있기 때문입니다. 우리가 아는 정보는 2초 동안 2m 이동했다는 것 뿐입니다.

위치-시간 그래프는 y축에 물체의 위치를, x축에 물체가 움직인 시간을 나타낸 그래프입니다. 현재 그래프에서 위치는 한쪽 방향의 움직임만 나타냅니다.

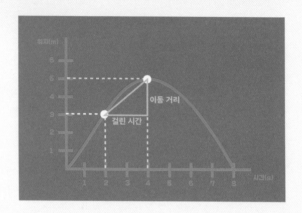

어떤 물체의 움직임을 기록한 위치-시간 그래프가 위와 같다고 해봅시다. 이 물체는 2초에 3m 위치에 있었고, 4초에 5m에 위치에 있었습니다. 그럼 2초 동안 2m 이동했다고 할 수 있죠. 평균 속력은 이동 거리를 걸린 시간으로 나눈다고 했으니, 2m/2s=1m/s입니다.

이는 그래프에서 두 지점을 연결한 직선을 빗변으로 하는 삼각형의 기울기를 의미해요. 즉, 위치-시간 그래프에서 두 지점의 기울기는 '평균 속력'을 의미합니다.

어릴 땐 비가 오면 행복했어요.
친구들과 비를 맞으며 뛰어다녔거든요.

그런데 어느 순간, TV에서 이제는 산성비가 내린다는 거예요.
엄마는 산성비를 맞으면 머리카락이 빠지니까
비를 맞지 말라고 하셨죠.

그 때부터 비가 오는 것이 싫었어요.
친구들과 비를 맞으며 놀 수 없었거든요.
대머리가 될 수는 없잖아요.

그런데 나이가 들어서 엄마 말이 틀렸다는 것을 알게 됐어요.

↳ @user-qm6hu5****
"그런데 엄마는 틀렸습니다" ㅋㅋ
ㅋㅋㅋㅋㅋㅋ

우리의 피부는 약산성이에요.

우리가 쓰는 샴푸도 대부분 약산성을 띱니다.

pH* 4.5~5.5 정도죠.

지난 10년간 우리나라에 내린 비는 pH 4.4~4.9의 산성비예요.

샴푸의 산성과 차이가 크지 않죠.

---

* pH는 물질의 산성 또는 염기성 정도를 나타내는 수치입니다. pH 척도는 0부터 14까지이며 pH가 7인 경우 중성입니다. pH가 7보다 낮으면 산성, 7보다 높으면 염기성을 나타냅니다.

사실 매일 산성비로 머리를 감은 셈이에요.
하지만 모두가 대머리가 되진 않았잖아요?

그렇다고 산성비를 맞는 게 좋은 건 아니에요.
빗속 오염 물질은 두피 건강에 좋지 않아요.
또 젖은 머리는 균이 쉽게 번식해서 두피염과 비듬을 유발하죠.
심하면 탈모까지 생길 수 있어요.

↳ @ZeOr****

뭐야! 결론적으로는 맞는 거네ㅋㅋㅋㅋㅋㅋㅋㅋㅋ

↳ @03haru****

이과형님 영상 국룰: α를 설명>α는 틀렸습니다>α는
사실 맞았습니다.

산성비를 맞으면 머리가 빠진다는 게
완전히 틀린 말은 아니었네요.
역시 엄마 말은 항상 옳았어요.
엄마의 잔소리가 그립네요.

↳ @yakig****

사실 엄마 말은 틀렸어요.... 비를 안
맞아도 대머리는 되는 거였어요.

↳ @Chap-Th****

마지막에 슬퍼....ㅠㅠㅠㅠㅠㅠㅠ

↳ @user-xw2ku2****

역시 어머니....

089

산과 염기

　산과 염기는 우리 삶에서 무척 중요한 역할을 해요. 오렌지 주스의 신맛이나 다크 초콜릿의 쓴맛 뒤에도 산과 염기의 역할이 숨어 있죠. 산과 염기는 단순한 실험실 용어가 아니라 우리의 일상 속에서 맛의 본질을 형성해요. 산은 신맛을, 염기는 쓴맛을 내죠. 하지만 산과 염기의 중요성은 그 맛에서만 오는 것이 아닙니다.

　산이 물에 녹을 때는 수소 이온(H^+)을 방출해요. 이러한 양의 전기를 가진 입자들은 화학적으로 중요한 역할을 합니다. 반대로 염기는 물에 녹을 때 음의 전기를 가진 수산화 이온(OH)을 방출합니다. 전기를 띠는 입자들은 단백질 구조를 변형시키는 등 주변 물질과 다양한 상호 작용을 할 수 있습니다. 그래서 이 이온들은 단순히 혀로 느끼는 맛을 만들 뿐 아니라, 일상생활에 광범위하게 영향을 미칩니다.

　0부터 14까지의 범위를 가진 pH는 물속의 수소 이온 농도를 나타냅니다. 7은 중성을 의미하며, 7보다 낮을수록 산성, 높을수록 염기성을 띱니다. pH가 한 단계 낮아질 때마다 수소 이온 농도는 10배씩 증가하는데, 이는 화학적으로 큰 변화에 해당합니다.

　염산과 양잿물은 각각 강산과 강염기로, 인체에 치명적인 용액입니다. 그럼 이 둘을 같은 양으로 섞어서 마시면 어떻게 될까요?*
놀랍게도 아무렇지 않습니다. 그냥 조금 짤 뿐이죠. 왜냐하면 수소 이온과 수산화 이온이 결합하여 물이 되고, 남은 물질은 소금이 되기 때문입니다. 이처럼 산과 염기가 서로 만나 중화되는 현상을 '중화 반응'이라고 합니다.

산과 염기에 대한 지식은 단순히 과학 공식이 아니라, 의외로 일상생활에서 유용합니다. 예를 들어, 요리를 할 때 산성인 토마토 소스의 맛을 중화시키기 위해 약간의 베이킹 소다(염기성)를 추가하죠. 이는 소스의 산성을 줄이고 더욱 균형 잡힌 맛을 만들어냅니다.

또한, 집 청소를 할 때도 이 원리를 활용할 수 있습니다. 싱크대의 막힌 배수구를 뚫을 때 베이킹 소다와 함께 레몬즙 또는 식초(산성)를 함께 사용하면 두 물질이 반응해 보다 효과적으로 배수구를 청소할 수 있습니다. 산과 염기에 대해 알고 있으면 이렇듯 우리 생활에서 지혜롭게 활용할 수 있답니다.

▲ 염기성을 띠는 베이킹 소다

---

* 단순히 부피를 동일하게 하는 것이 아니라 입자의 수를 똑같이 하는 것입니다. 예를 들어 설명한 것이고 매우 위험한 행동이니 어린이들은 절대 따라하지 마세요.

프로판 가스통은 총에 맞으면 정말 폭발할까?

11

나는 007 스파이입니다. 지금 적에게 쫓기고 있죠.
어느새 눈앞에 여러 명의 적이 나타나 나를 가로막았어요.

지금 나에겐 총알이 두 발 밖에 남지 않았습니다.

근데 마침 프로판 가스통이 보이네요.
총으로 가스통을 맞히면 될까요?
가스통이 폭발하면 많은 피해를 입힐 수 있잖아요.

프로판 가스통에는 액체 프로판이 들어 있어요.
상온에서 기체인 프로판 가스에 강한 압력(7기압)을 가하면
액체로 만들 수 있거든요.
그럼 작은 가스통에 많은 프로판 가스를 담을 수 있죠.

총알이 가스통에 구멍을 뚫으면
내부의 강한 압력은 프로판을 밖으로 내뿜을 거예요.
프로판은 주변 압력이 낮아져 다시 기체로 변하겠죠.

↳ @00****
다만 9mm탄 권총으로는 가스통
을 뚫지 못한다는....

액체는 기체로 변할 때 주변의 많은 열을 흡수해요.
구멍 주변의 온도는 내려가서 발화점 이상의 온도가 되지 않아요.

또, 연소에는 연료와 산소의 적절한 비율이 필요해요.
연료의 비율이 10%를 넘기면 불이 붙기 어려워요.
하지만 총알 구멍에서 새어 나오는
프로판 가스 비율은 거의100%죠.

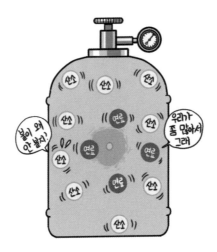

살 수 있다는 희망을 품고 가스통을 맞혔지만,
가스통은 폭발하지 않습니다.
적들은 아마 나를 비웃을 거예요.

하지만 걱정하지 마세요.
분출된 프로판 가스는 공기보다 무거워 바닥에 깔리니까요.
그리고 가스는 작은 스파크에도 쉽게 폭발하죠.

나에게는 아직 한 발이 남았잖아요.

↳ @abunnynext****

마지막 문장이 뭔가 되게 멋있다!! ㅋㅋㅋㅋㅋ 연막 이외의 효과는 없는 건가 싶었는데, 반전!

↳ @jhy****

나머지 한 발은 자기 머리에 쏘는 줄 알았습니다. 이과 형님이 제 목숨을 구했습니다.

↳ @dalh****

근데 이거 폭발하면 나도 죽는 거 아니냐 ㅋㅋㅋㅋㅋㅋ

↳ @GO_****

덕분에 살았습니다. 감사합니다.

물질의 상태

　일상에서 일어나는 물질의 변화에 대해 이야기해 볼까요? 우리가 사는 세계에서 물질은 고체, 액체, 기체 세 가지 상태를 가집니다. 각 상태는 독특한 분자 구조를 가지고 있어요.

　고체 분자들은 마치 손을 꼭 잡고 있는 친구들처럼 서로를 굳게 붙잡고 있어요. 이들은 움직이려고 해도 주변 친구들이 손을 놓지 않기 때문에 제자리에 꼭 붙어 있죠. 고체가 모양과 부피를 유지하는 이유도 이 때문입니다.

　액체의 분자들은 고체보다 조금 더 자유롭게 움직입니다. 마치 아주 잘 늘어나는 모짜렐라 치즈로 서로를 묶어 놓은 것처럼요. 따라서 액체는 어떤 그릇에 담는지에 따라 형태가 달라지고, 또 흘러갈 수 있습니다.

　반면 기체는 완전히 다른 성질을 가집니다. **기체 분자들은 서로 간섭하지 않고 완전히 자유롭습니다.** 마치 넓은 하늘을 자유롭게 나는 새와 같죠.

　이러한 고유한 물질의 상태가 변할 때는 아주 흥미로운 현상이 일어납니다. 액체가 고체로 변하거나 기체가 액체나 고체로 변할 때, 그 과정에서 에너지가 방출됩니다. 기체 분자들은 활동적이기 때문에 얌전한 액체나 딱딱한 고체가 되기 위해서는 에너지를 내놓아야 해요. 반대로, 고체가 액체나 기체로 변하거나 액체가 기체로 변할 때는 주변으로부터 에너지를 흡수해야 하고요. 서로 꽉 붙어 있는 고체나 액체의 분자들이 떨어지려면 에너지가 필요하거든요. 아주 무더운 여름날, 우리가 땀을 흘리거나 물을 뿌리면 잠시 시원해지는 것도 바로 이런 이유 때문이에요. 물이 수증기로 변하면서 주변의 열 에너지를 흡수하는 것이죠.

프로판이나 부탄가스통도 마찬가지입니다. 이 가스통 속에는 액체 상태로 된 가스가 들어 있어요. 원래 기체 상태여야 하는 가스를 강한 압력으로 억눌러 액체 상태로 만들어 놓았기 때문에 가스통에서 가스가 방출될 때 액체에서 기체로 변하면서 주변으로부터 많은 에너지를 흡수합니다. 우리가 야외에서 휴대용 가스 버너를 사용한 후 부탄가스를 만지면 차갑게 느껴지는 것도 같은 이유입니다.

저격총을 피하려면 얼마나 깊이 잠수해야 할까?

12

지금 007 스파이를 쫓고 있어요.
지난번 가스통 폭발 사건 때 혼쭐난 그 악당이거든요.

앗! 스파이가 물속으로 뛰어 들었어요.

하지만 내 옆엔 초당 900m를 가는
50구경 저격총과 고무줄 작살총이 놓여 있네요.
나는 스파이를 비웃으며 저격총을 집어 들었죠.

이번엔 정말 싸움을 끝내버릴 수 있겠네요.

그런데 이것은
틀렸습니다!

총알은 공기 분자와 충돌하며 에너지를 소모합니다.
그런데 물의 밀도는 공기보다 800배나 높아요.
물속에선 분자와의 충돌이 800배나 많다는 뜻이죠.

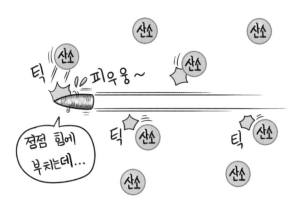

단순히 생각했을 때
총알이 공기 중에서 800m를 날아갈 수 있다면
물속에선 1m밖에 가지 못하는 것이죠.
800배 많이 충돌하니까요.

게다가 물은 압축되지 않아요.
손바닥으로 물을 부드럽게 밀면
물 분자들을 부드럽게 밀어낼 수 있지만
순간 폭발적인 속도로 세게 밀치면
콘크리트를 치는 것과 다를 바 없어요.

못 믿겠으면 손바닥으로 물을 빠르게 내리쳐 보세요.
꽤 아플 거예요.

총에서 발사된 총알들이 물속으로 들어가면
대부분 수심 1m 이하에서 완전히 정지합니다.
총알의 속도가 빠를수록 더 빨리 정지하죠.
물과 충돌할 때 이미 완전히 부서져 버리거든요.

입사각이 75도 이상이면 물수제비처럼 튕겨 나오죠.

↳ @user-uc8gv8****
영화 〈라이언 일병 구하기〉에서 물 안으로 들어온 총
알은 되게 느려지던데 고증이었구나.

↳ @user-xt8tg7****
여지껏 물속에다 총 쏘는 영화는 다 가짜였네. 물에서
총 맞는 것도 다 개연성 박살 난 영화였구나;

하지만 걱정하지 마세요. 나에겐 작살총이 있잖아요.

속도가 느린 작살총은
물속에서도 속도가 급격이 감소하지 않습니다.
그리고 무거운 작살은 작은 속도에도
큰 충격량을 가질 수 있죠.

너무 빠른 속도는 때론 자신을 다치게 하는 법이에요.
내면의 무거움을 먼저 채워보는 것이 어떨까요?

↳ @UNIVERSE****
그런데 이것은 틀렸습니다. 007
스파이는 이미 도망갔거든요.

↳ @user-bio****
정말 유익하군요! 앞으로 스파이
를 쫓을 땐 저격총이 아니라 작살
총을 써야겠어요!!

↳ @user-ve1rl7****
스파이가 되어서 도망칠 땐 물속
1m 안으로... 메모....

공기 저항

공기나 물처럼 흐르는 성질을 가진 물질을 '유체'라고 합니다. 유체는 주변 어디에나 있습니다. 사람이 단단한 벽을 통과하려 하면, 벽이 저항하는 것과 마찬가지로 유체도 저항을 합니다. 이러한 유체의 저항을 '유체 저항'이라고 해요.

달리는 자동차 안에서 창밖으로 손을 내밀면 강한 바람이 손을 뒤로 밀어내는 것을 느낄 수 있는데, 이러한 현상이 바로 공기 저항입니다. 물속에서 움직이는 것이 어려운 이유도 물의 저항 때문이에요. 물의 저항은 공기 저항보다 훨씬 강합니다. 그렇다면 유체 저항은 어떻게 결정될까요?

첫째, 유체의 밀도에 따라 결정됩니다. 한적한 거리를 걷는 것이 사람들로 붐비는 크리스마스 시즌에 명동 거리를 걷는 것보다 쉬운 것처럼, 밀도가 높은 유체일수록 저항도 크기 마련이죠.

둘째, 유체를 지나가는 물체의 크기도 유체 저항에 영향을 미칩니다. 정확히는 물체가 유체와 접촉하는 단면적에 따라 저항이 달라집니다. 붐비는 지하철에서 체구가 큰 사람이 작은 사람보다 움직이기 어려운 것처럼, 단면적이 큰 물체는 유체 저항을 더 많이 받습니다.

셋째, 유체와 물체의 상대 속도에 따라 저항이 달라집니다. 유체와 물체가 서로 빠르게 지나갈수록 더 많은 유체 입자들이 물체에 더 세게 부딪혀 큰 저항을 일으킵니다. 특별한 점은 속도가 느릴 때는 속도에 비례하고, 속도가 빠를 때는 속도의 제곱에 비례하는 것이죠. 빠른 속도로 움직이는 총

▲ 서로 저항이 다른 물과 기름

알이 속도가 느린 작살보다 물속에서 더 많은 저항을 받는 이유가 바로 이 때문입니다.

마지막으로, 유체의 고유한 성질에 따라 저항이 달라집니다. 같은 액체라도 물과 기름은 서로 다른 저항을 가지는데, 이는 각 유체를 구성하는 분자들의 특성 때문이랍니다.

결론적으로, 유체 저항은 유체의 고유 성질, 유체의 밀도, 물체의 단면적 그리고 상대 속도에 따라 결정됩니다. 이 개념을 이해하면 주변 세계를 더 잘 이해하는 데 도움이 될 뿐만 아니라, 장차 여러분의 진로에 따라 잠수함부터 비행기에 이르기까지 다양한 유체를 효율적으로 통과하는 디자인을 개발하는 데에도 유익할 것입니다.

우주에서
기관총을 쏘지 않는 이유

나는 악당입니다. 007스파이를 쫓고 있어요.

벌써 두 번이나 놓쳤잖아요?

이 스파이는 지금 어디에 있을까요?

챗GPT2000의 답변에 따르면
007스파이는 지금
프록시마 센타우리 b행성*에 있다고 해요.

프록시마 b행성을 배회하던 내 앞에 드디어!!
그 007스파이가 나타났어요.
이제 기나긴 여정의 종지부를 찍을 때가 왔습니다.

---

* 프록시마 센타우리 b는 가장 가까운 별계인 프록시마 센타우리 시스템에서 발견된 외계 행성
(지구로부터 약 4.2광년 떨어진 위치)입니다.

나에겐 두 가지 선택지가 있어요.
레이저 총과 재래식 기관총입니다.
우주에선 역시 레이저 총이라고요?

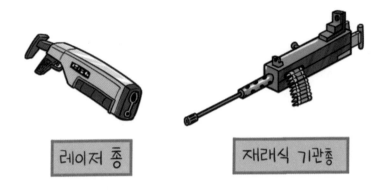

레이저 총

재래식 기관총

하지만 잠깐 생각해 보세요.
레이저 총은 사실 효과적이지 않아요.
투입한 에너지에 비해 적은 에너지를 방출하죠.

쓸만한 소형 레이저 총을 사용하려면
대략 40kg 정도의 배터리를 짊어져야 해요.
그러고도 1분의 기나긴 충전 끝에 겨우 한 발을 발사할 수 있죠.

↳ @user-jo2cd7****
걍 우주에선 싸우지 말자....

또 레이저는 상대를 태워버리지만
지혈 효과가 있어 살상력은 떨어집니다.

반면, 재래식 기관총은 작은 탄환으로도 치명적입니다.
작은 탄환은 몸과 충돌하면 회전하며 큰 손상을 입힙니다.[*]
또 출혈은 생존 가능성을 크게 떨어뜨리죠.

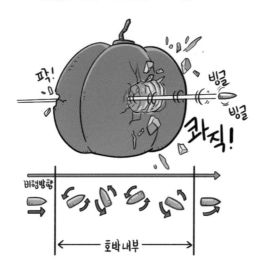

그러나 기억하세요.
우주에서의 발사는 지구와는 다릅니다.
우주에서는 열을 식혀줄 공기가 없어 열을 방출하지 못합니다.
유일한 방출은 복사를 통해서만 가능하죠.

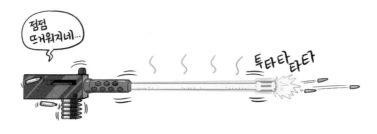

---

[*] 회전하면서 날아가는 탄환은 각운동량 때문에 직선으로 날아갑니다. 하지만 인체와 충돌하면
회전이 멈추면서 직선으로 날아가지 못하고 360도 회전하기 때문에 인체에 큰 피해를 줍니다.

연사를 하면 총구가 뜨겁게 달아올라 녹을 거예요.

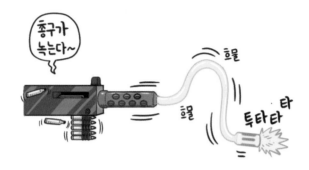

또 다른 문제도 있습니다.
900m/s의 속력으로 초당 열세 발씩 발사되는
5g의 탄환은 60kg 몸무게인 나를 초당 1m씩
뒤로 가속시킨다는 것이죠.

아마 나는 우주 미아가 될 거예요.
그래도 걱정 마세요. 반대로 쏘면 되니까요.
아, 이미 총구가 녹아버렸군요....
행운을 빌죠.

↳ @user-oz3pk8****
앞으로 한 발 뒤로 한 발 쏘면...?

↳ @user-map_sett****
뒤로 날아가는 게 아닙니다! 빠르게 후퇴하는 겁니다!!

↳ @user-cg5rf7****
공냉으로 안 쏘고 수냉이 가능한 맥심기관총을 쏘면 총구가 녹지 않을 거예요 ㅎㅎ

힘과 운동량 변화

기관총에서 발사되는 총알이 어떻게 나를 가속시킬 수 있냐고요? 마치 공상 과학 영화에서 CG 처리한 장면처럼 생각되겠지만, 실제로는 물리학의 기본 원리를 따릅니다. 바로 뉴턴의 제3법칙, 작용-반작용의 법칙에서 시작하죠. 이 법칙은 간단히 말해서 **어떤 물체에 힘을 가하면 그 물체도 같은 크기의 힘을 나에게 가한다는 것입니다.** 이 세상 모든 힘에는 작용-반작용 법칙이 작용합니다.

예를 들어 야구공을 강하게 던지면, 나는 공에 힘을 가한 것이고 공도 나에게 동일한 힘을 가해요. 하지만 나와 지구의 질량이 야구공보다 훨씬 더 크기 때문에 나는 거의 움직이지 않는 것처럼 느껴질 거예요. 왜냐하면 힘은 질량과 반비례해서 물체를 가속시키기 때문이죠. 여기서 한 걸음 더 나아가 생각해 보면, 힘의 작용은 '질량 × 속도'로 이루어진 운동량을 변화시킨다고 할 수 있습니다. 즉, 물체의 1초 동안의 운동량 변화는 물체에 작용한 힘이라고 할 수 있죠.

이제 이 원리를 기관총에 적용해 볼까요? 기관총이 발사하는 총알 한 발은 0.005kg의 무게이며, 초속 900m의 속도로 움직입니다.

이는 총알 하나당 $4.5m/s \cdot kg^*$의 운동량을 가진다는 의미입니다. 만약 이 기관총이 초당 열세 발을 발사한다면, 이는 1초당 $58.5m/s \cdot kg^{**}$의 운동량이 변화한다는 의미이죠. 앞에서 1초 동안의 운동량의 변화는 힘이라고 했죠? 즉 기관총에서 총알로 작용하는 힘은 $58.5N$(뉴턴)이 되는 것입니다.

그럼 작용-반작용의 법칙에 따라 총알에서 기관총으로도 같은 크기의 반작용 힘이 작용해야 합니다. 이 힘은 기관총을 붙잡고 있는 나에게도 전달돼요. 만약 내 몸무게가 $58.5kg$이라면 이 힘은 나를 1초당 1m씩 가속시킬 수 있습니다. 우주는 중력이 없는 환경이므로 이 힘은 나를 계속 가속시키겠죠.

이제 왜 공상 과학 영화에서 레이저 총만 자주 등장하는지 이해가 되나요? 중력이 없는 우주에서 일반 총을 사용하면 엄청난 반동에 의해 우주선이나 사용자가 힘을 제어하지 못하고 밀려나게 된답니다.

---

* $0.005kg \times 900m/s = 4.5m/s \cdot kg$입니다.
** $4.5m/s \cdot kg \times 13 = 58.5m/s \cdot kg$입니다.

이 막대기는
빛보다 빠른데요?

여기 달까지 길~게 늘어난
여의봉이 있습니다.
이 여의봉을 손오공이 휘둘러요.

지구에서 달까지의 거리가 38만km이니까
1초에 60도만 휘둘러도
여의봉의 끝은 대략 40만km/s의 속도로 움직여요.
빛의 속력보다 빨라지겠죠?

그렇다면 이건 정말 빛보다 빠른 건가요?

좀 더 현실적으로 만들어 보죠.
막대기를 탄소 나노 튜브*로 만들게요.
철보다 강도가 100배나 크기 때문에
가벼우면서도 튼튼하게 막대기를 만들 수 있죠.

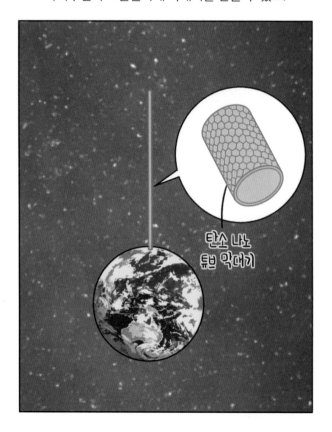

탄소 나노
튜브 막대기

---

* 탄소 나노 튜브는 뛰어난 강도와 전기 및 열전도성을 가진 나노미터 크기의 탄소 소재로, 다양
한 첨단 기술에 응용됩니다.

그래도 움직이는 것이 쉽지 않을 거예요.
그럼 목성의 자전을 이용해 볼까요?
목성은 10시간에 한 바퀴 자전을 하니까
35억km의 탄소 나노 튜브 막대기를 목성에 세우면
막대기 끝은 빛보다 빨리 움직입니다.
이건 정말 빛보다 빠른 거겠죠?

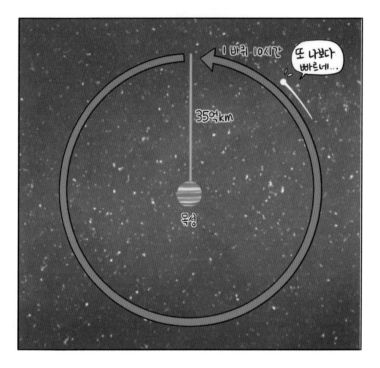

우리는 흔히 막대기 끝에 작용한 힘이
반대쪽 끝에 즉각적으로 작용할 것이라고 생각해요.

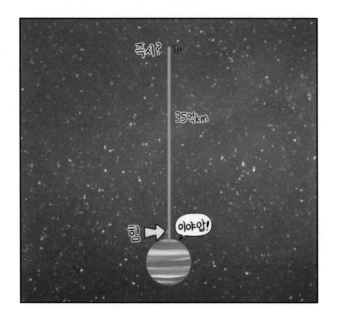

하지만 힘은 원자들의 상호 작용으로 전달됩니다.
힘을 서로 전달하고 전달하는 것이죠.

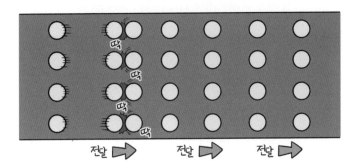

고속도로에서 차들이 정체되듯
원자들의 힘의 전달 속도에 지연이 발생합니다.
물질에서 힘의 전달 속도는 음파의 전달 속도와 같습니다.
음파가 원자들의 진동으로 전달되는 것이니까요.

↳ @mason****
이 세상이 얼마나 정교하게 구성
되어 있는지 매번 놀라게 된다.

이 막대기는 힘이 인접한 영역에 차례차례 전달되기 때문에
원자들의 간격이 계속 멀어집니다.
그럼 점점 휘어지다가 부러지거나 끊어질 거예요.

↳ @Mx.ieng＊＊＊＊
와 엄청 긴 막대기를 돌리면 빛의 속력보다 빠르게 움직인다... 불가능한 건 둘째 치고 엄청 신박한 발상이네요.

↳ @user-lu4rx9＊＊＊＊
와 이거 진짜 궁금했는데... 그러니까 누군가가 진짜로 그렇게 긴 막대기를 그렇게 빨리 휘두를 수 있을 만큼 힘이 세다 해도, 휘두르는 도중 끊어지거나 휘어지지 않는 막대기란 세상에 존재하지 않기 때문에 막대기의 끝은 절대 광속을 초월할 수 없다는 얘기네요. 어릴 때부터 궁금했던 문제인데 해결돼서 속이 후련하네요.

탄성파(음파)

물질에서 힘의 전달 속도가 음파의 전달 속도와 같은 이유를 알려면, 먼저 자연에 존재하는 기본 힘에 대해 알아야 합니다. 우리가 살아가는 세계에는 강력, 약력, 중력, 전자기력 이렇게 네 가지 힘이 존재해요. 그런데 강력과 약력은 핵 내부의 아주 짧은 거리에서만 작용하고 중력은 일상적 규모에서 매우 약해요. 그래서 일상생활에서 우리가 경험하는 대부분의 현상은 전자기력에 의해 발생합니다. 전자기력은 쿼크와 전자 같은 기본 입자들 사이에서 광자를 주고받으며 작동합니다. 이 광자들은 빛의 속도로 이동하죠.

하지만 여기서 한 가지 중요한 점은, 기본 입자들 사이의 상호 작용이 빛의 속도로 일어나더라도 물질 내에서 힘의 전달은 완전히 다른 작용 과정을 따른다는 거예요. 예를 들어, 긴 막대기의 한쪽 끝을 치면 이 힘은 막대기를 구성하는 원자들을 통해 전달돼요. 이 과정에서 발생하는 것이 바로 음파입니다.

음파는 물질을 구성하는 입자들, 즉 원자나 분자들의 진동이 인접한 입자로 전달되면서 확산되는 현상입니다. 이 진동이 전달되는 속도가 곧 음파의 속도인데, 이때 중요한 것이 물질을 구성하는 입자들 간의 결합력과 밀도입니다. 예를 들어, 고체는 입자들이 서로

125

밀접하게 연결되어 있어서 진동이 빠르게 전달되는 반면, 기체에서는 입자들이 서로 멀리 떨어져 있어서 진동이 더 느리게 전달됩니다.

비록 기본 입자 수준에서는 힘이 광속으로 전달될 수 있지만, 거시적인 물질의 세계에서는 물질을 이루는 원자와 분자들 사이의 상호 작용과 물리적 특성이 힘의 전달 속도를 결정합니다. 그래서 물질 내에서 힘의 전달 속도는 광속보다 훨씬 느리며 음파의 전달 속도와 같은 이유입니다.

물리를 깊이 배우지 않은 사람이라면 무슨 말인지 다소 어려울 수 있습니다. 다 이해하지 못해도 괜찮아요. 하지만 이러한 현상을 이해하는 것은 물리학에서 광자와 같은 기본 입자들의 세계와 우리가 경험하는 거시적인 세계 사이의 다른 법칙들을 탐구하는 데 중요한 출발점이 됩니다. 두 세계를 잇는 연결 고리를 이해하는 것은 과학의 매력적이고도 신비로운 부분 중 하나이죠!

당신이 몰랐던
자전거 바퀴의 비밀

자전거는 우리에게 매우 친숙한 존재입니다.
자전거를 한 번도 본 적이 없는 사람은 아마 없을 거예요.
탈 줄 몰라도 말이죠.

아마 자전거 바퀴를 한번 그려 보라고 하면
다들 이렇게 그릴 거예요.

127

자전거 바퀴는 림과 허브
그리고 스포크로 이루어집니다.

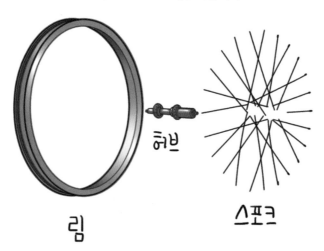

허브

림

스포크

자전거와 나의 무게는 모두 허브로 전달돼요.
그리고 허브는 스포크가 지탱하죠.

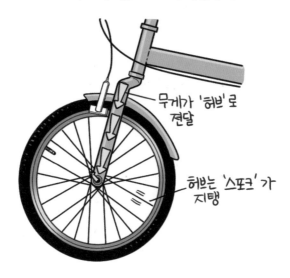

무게가 '허브'로
전달

허브는 '스포크'가
지탱

그런데 스포크는 매우 얇고 가볍습니다.
쉽게 구부러지죠.

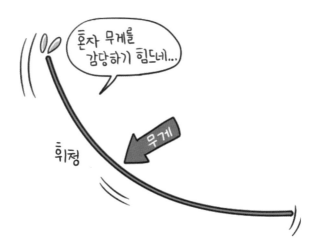

혼자 무게를
감당하기 힘드네...

무게

휘청

사실 바퀴의 99%는 빈 공간이에요.
자전거를 타는 동안
우리는 거의 허공에 떠 있는 것과 마찬가지죠.

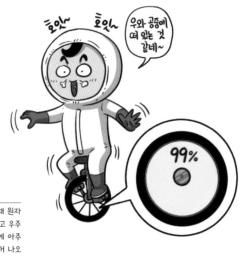

↳ @user-ki6kt1****
99% 비어 있다고 했을 때 원자
도 나오고 우리 몸도 나오고 우주
도 나와서 우린 빈 공간에 아주
특별한 존재예요~ 이런 거 나오
는 줄 알았네 ㅋㅋ

가벼운 스포크로 큰 무게를 버티기 위해
자전거 바퀴는 탄젠트 연결 방식을 사용합니다.
스포크가 허브에 수직이 아니라 접선으로 연결되어 있어요.

그럼 무게가 모든 스포크에 균일하게 분산됩니다.
인장력으로 힘의 전달이 이루어져
얇은 스포크가 휘어지지 않을 수 있죠.

↳ @onse****
자전거 튐 광고인 줄 알았는데 아
니네ㅋㅋㅋ

이것은 현수교*의 와이어가
다리를 지탱하고 있는 것과 같은 원리랍니다.

---

* 교각과 교각 사이에 철선이나 쇠사슬을 건너지르고 이 줄에 상판을 매어 단 교량을 현수교라
  고 합니다. 대표적인 현수교로 미국 캘리포니아주 샌프란시스코에 있는 금문교(Golden Gate
  Bridge)가 있으며 우리나라에는 남해대교, 광안대교, 이순신대교 등이 있습니다.

장력

우리가 매일 마주치는 공간에는 생소하지만 아주 중요한 힘이 숨어 있습니다. 바로 일상과 공학, 물리학의 근간을 이루는 힘, 장력입니다. 이번에는 장력이라는 감춰진 힘의 신비로움을 배워 봅시다.

장력을 이해하기 앞서, 지금 낚시를 하고 있다고 상상해 보세요. 낚싯줄이 물고기에 의해 팽팽하게 당겨질 때, 그 줄에 작용하는 힘이 바로 장력입니다. 이 줄은 양쪽 끝

▲ 팽팽하게 당겨진 낚싯줄

에서 당겨지는 힘에 맞서 내부로 힘을 발휘해요. 장력은 줄 전체에 걸쳐 분포되어 있으며 줄의 각 부분은 서로를 당겨 팽팽함을 유지합니다.

그렇다면 장력은 어떻게 발생하는 걸까요? 이 질문에 대한 답을 찾으려면 미시적 세계로 눈을 돌려야 합니다. 모든 물질은 분자들의 결합으로 구성되어 있으며, 이 분자들은 서로 특정한 거리를 유지하려는 경향이 있습니다. 분자들이 서로 너무 멀어지거나 가까워지려 할 때, 그들은 적당한 거리를 유지하기 위해 저항하죠. 외부에서 재료를 양쪽으로 잡아당겨 늘리려 할 때, 내부 분자들 사이의 거리가 멀

어지면서 서로 당기는 힘이 발생하
는데, 이것이 장력입니다. 반대로
분자들 사이의 거리가 가까워져서
생기는 힘을 압축력이라고 합니다.

▲ 장력을 이용하는 소금쟁이

　장력은 다양한 재료에서 서로
다른 특성을 보입니다. 또한, 장력은 물의 표면에서도 중요한 역할
을 합니다. 물 분자는 산소와 수소 원자로 구성되어 있고, 이들 원자
는 서로 다른 전기적 극성을 가지고 있습니다. 이 전기적 차이 때문
에 물 분자들은 서로를 끌어당겨 결합하려 하는데, 이 현상을 수소
결합이라고 합니다. 수소 결합은 물 표면에 강한 장력을 만들어내
며, 이 표면 장력은 물방울을 구형으로 만들고, 수면 위에 작은 곤충
이 뜨게 하며, 개미를 물방울 안에 가두기도 합니다.

　그뿐만 아니라 장력은 건축에서는 구조물의 안정성을 평가하는
데 필수적이며, 어떤 제품을 설계하거나 제작할 때도 내구성을 결정
하는 중요한 요소가 됩니다. 장력의 원리를 알고 있으면 다양한 물질
의 성질과 그 한계점을 보다 명확히 파악하는 데 큰 도움이 됩니다.

비행기 창문은 이상합니다

16

비행기에서 바라본 창문 밖의 모습은 황홀합니다.
거대한 도시가 한눈에 들어오고
구름이 발 아래에 둥둥 떠다니잖아요.

하지만 이런 광경이 지루해질 때쯤 무언가 이상한 점이 느껴집니다.
비행기 창문이 둥글다는 점이죠.
대부분의 창문은 네모난데 말이에요.
그럴 수도 있는 것 아니냐고요?

그런데 모든 비행기의 창문이 둥글다면요?
좀 이상하죠?

1950년대까지는 비행기의 창문도 네모났어요.
하지만 비행 고도가 점점 높아지면서 문제가 생겼죠.

드 하빌랜드 코멧은 1949년에 등장한
세계 최초의 제트 여객기입니다.
그런데 운행한 지 1년 만에 세 번의 공중 폭발을 겪어요.
놀랍게도 원인은 네모난 창문 때문이었어요.

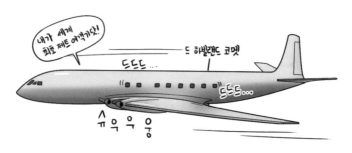

↳ @cmj****
겨우 창문 모양 때문에 비행기가
폭발하다니....

↳ @kimd****
비행기 창문이 네모났던 시절에
비행기를 타지 않아서 다행이야.

고도가 높아지면 기압이 내려갑니다.
하지만 비행기 내부는 1기압을 유지해야 해요.
안과 밖의 기압 차이가 커지고 비행기 동체는
밖으로 팽창하는 압력을 받습니다.

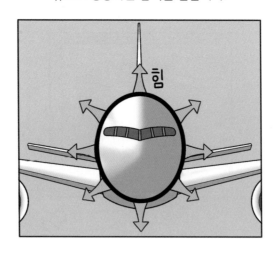

그럼 동체엔 팽창에 대응하는 응력이 생기죠.
둥근 동체는 응력의 흐름을 잘 분산하여
팽창 압력에 잘 견디게 합니다.

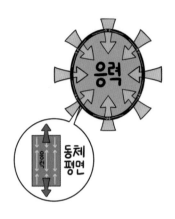

그런데 문제는 동체를 구성하는 금속이
창문에 의해 불연속이 된다는 점이에요.
응력의 흐름은 창문과의 경계면에서 균형이 깨져요.
네모난 창문은 모서리에 응력이 집중되게 만들죠.

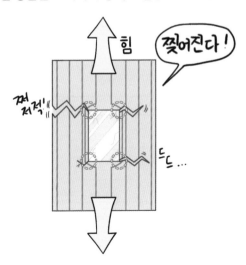

그리고 이는 금속에 금이 가게 하고 마침내 창문을 부숩니다.
반면 둥근 창문은 응력의 흐름을 좀 더 균형 있게 만들 수 있죠.

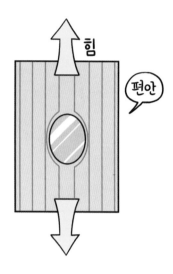

네모 구멍과 둥근 구멍이 뚫린 종이를 한번 당겨보세요.
어느 것이 더 잘 찢어지나요?

응력

　응력은 일상과 물리학이 만나는 매우 흥미로운 개념입니다. 응력은 영어로 스트레스(stress)라고 하는데, 여기서의 스트레스는 우리가 시험 전날 밤 느끼는 정신적 스트레스가 아니라, 재료가 경험하는 '기계적 스트레스'를 가리킵니다. 재료가 스트레스를 경험한다니 이게 무슨 말일까요?

　이 세상의 모든 사물이 고무로 만들어졌다고 상상해 보세요. 건물들은 휘청거리고, 자동차들은 슬라임처럼 늘어나겠죠? 그러나 실제로 우리가 사는 세상 속 건물들과 자동차는 단단하게 설계되었습니다. 이러한 차이는 각각을 구성하는 재료의 특성 때문입니다. 재료들은 외부 힘에 대해 각기 다르게 반응하며 자신들의 원래 상태나 평형 상태를 유지하려 합니다. 이런 외부 힘에 대한 저항력이 바로 재료 과학에서 말하는 '응력'입니다.

　응력에는 주로 세 가지 유형이 있어요. 인장(늘리는), 압축(누르는) 그리고 전단(층을 밀어내는) 응력이죠. 먼저 인장 응력은 분자들이 줄다리기를 한다고 생각하면 이해하기 쉽습니다. 앞서 배운 장력처럼, 물질을 당기면 내부 분자들이 늘어나면서 원래의 편안한 상태로 돌아가려 하는데 이것이 바로 인장 응력입니다.*

압축 응력은 크리스마스 시즌에 인파로 붐비는 명동 거리를 떠올리면 됩니다. 원자와 분자들이 외부 힘에 의해 압축되면 서로 가까워지고, 이에 따라 각자의 공간을 유지하려고 저항하는 힘이 생깁니다.

전단 응력은 종이를 가위로 자르는 것이나, 지층이 어긋나는 현상과 비슷합니다. 재료 내부에 있는 층들이 서로 옆으로 미끄러지며 분리되지 않기 위해 저항하는 힘인 셈이죠.

이렇듯 응력은 우리의 일상생활 속 모든 물체에 존재합니다. 때로는 건물을 관찰하며 눈에 보이지 않는 재료의 '스트레스'를 생각해 보는 건 어떨까요? 엉뚱하지만 꽤 재미있을 거예요.

---

* 단위 면적당 작용하는 장력이 인장 응력입니다.

다리 없는 뱀은
어떻게 전진할까?

17

1억 7천만 년 전 뱀은 다리를 버렸습니다.
다리가 필요 없었거든요.

뱀은 다리가 없어도 지상에서 매우 잘 이동하죠.
심지어 포식자이잖아요?

그런데 이상하죠?

다리 없는 뱀이 어떻게 이동하는 것일까요?

뱀은 몸을 흔들며

바닥에서 미끄러지듯이 이동합니다.

마치 몸에 작은 바퀴들이 달린 것처럼 말이죠.

그런데 뱀은 뒤로는 못 가고 앞으로만 갈 수 있어요.
이것도 이상하지 않나요?
그냥 미끄러지는 것일 뿐인데 왜 앞으로만 가는 걸까요?

미꾸라지도 똑같이 바닥에서 미끄러지지만
앞으로 나아가진 않아요.

뱀이 움직이는 비밀은 비늘에 있습니다.
뱀의 배에는 넓은 비늘이 줄지어 붙어 있어요.
앞쪽 비늘은 뒤쪽 비늘에 겹쳐져 있죠.

그래서 뱀의 머리에서 꼬리 방향으로 쓰다듬으면 매끈하지만
반대로 쓰다듬으면 까끌하죠.

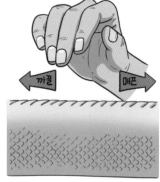

↳ @_EN××××

우리집 강아지도 털이 별로 없어
서 앞쪽으로 쓰다듬으면 부드럽지
만 뒤쪽으로 쓰다듬으면 까끌까끌
한데, 왜 산책을 갈 때 앞보다 뒤
로 갈까요??? ㅋㅋ

뱀의 비늘은 뱀이 바닥에서 미끄러질 때
앞쪽으로만 마찰력이 작용하게 만듭니다.
그래서 앞으로 빠르게 이동할 수 있죠.

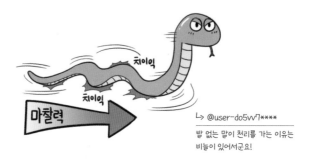

┗→ @user-do5vv7****
발 없는 말이 천리를 가는 이유는
비늘이 있어서군요!

만약 내가 열심히 노력하는데
앞으로 나아가지 않는다면 비늘이 없기 때문일 거예요.
별것 아닌 것처럼 보이지만 중요한 것이죠.
나만의 비늘을 찾아보세요.

┗→ @iijlilj****
우리 이과형은 알고 보면 문과형임.

┗→ @soob****
제가 성장하지 않는 건 비늘이 없어서 그렇군요.

마찰력①

우리가 걷거나 물건을 집을 때마다 느끼지만 눈에는 보이지는 않는 힘이 있습니다. 바로 마찰력입니다. 이 힘은 우리 생활에 깊숙이 자리 잡고 있으면서도 여전히 미스터리로 남아 있는 놀라운 개념입니다. 이번엔 마찰력이라는 신비로운 힘에 대해 알아봅시다.

과거에 과학자들은 '요철설'을 통해 마찰력을 설명하려 했습니다. 이 이론은 물질의 표면에 존재하는 미세한 봉우리와 계곡이 서로 맞물리며 움직임을 방해한다고 보았어요. 즉, 거친 산악 지형을 넘어가는 것처럼 거친 표면 위에서 움직이려면 더 많은 에너지가 필요하다고 생각했죠. 요철설에 따르면 접촉면 사이의 척력이 마찰력의 원인입니다. 요철설은 거친 표면이 마찰력이 더 높은 이유를 잘 설명해 주었지만, 한계가 있었습니다.

과학자들은 연구를 발전시켜 거칠지 않은 매우 매끄러운 표면조차도 극도로 확대해 보면 작은 분자적 요철을 가지고 있다는 것을 발견했습니다. 또 광택이 나는 금속처럼 극도로 매끄러운 표면에서도 마찰력이 상당히 증가하는 현상이 관찰되었습니다. 특히 매끄러운 두 금속 표면이 서로 강하게 달라붙어 떨어지지 않는 '냉용접 현상'을 요철설만으로는 설명하기 어려웠죠.

그러자 요철설의 한계를 극복하기 위해 '응착설'이 제시되었습니다. 응착설은 마찰력이 표면과 표면 사이의 분자적 인력에 의해 발생한다고 주장합니다. 극도로 매끄러운 표면에서도 미세한 분자 봉우리 사이의 인력이 마찰력을 발생시킨다는 것이죠. 그리고 이 이론은 요철설이 설명하지 못했던, 매끄러운 표면에서의 마찰력 증가 현상을 포함해 마찰력의 다양한 면모를 설명하는 데 기여했습니다.

하지만 응착설 역시 완벽하지 않았어요. 응착설은 표면의 거칠기가 증가하면 왜 마찰력이 증가하는지를 완전히 설명하지 못했거든요. 따라서 현재는 마찰력을 이해하는 데 두 이론을 함께 사용하고 있습니다. 요철설과 응착설은 서로 보완적으로 작용하여 마찰력이라는 복잡한 세계를 이해하는 데 큰 도움을 주고 있습니다.

브레이크를 꽉 잡으면 정말 빨리 멈출까?

매우 빠른 속도로 자전거를 타고 있어요.

그런데 갑자기
눈앞에 세발자전거를 탄 아기가 나타났어요!

나는 최대한 강하게 브레이크를 잡았어요.

바퀴가 더 이상 구르지 못하게요.

그래야 가장 큰 마찰력으로 빨리 정지할 수 있잖아요?

그렇죠?

눈을 감고 타이어가 굴러가는 모습을 떠올려 보세요.

타이어와 바닥이 접한 부분에 살짝 점을 찍고
이 점이 한 바퀴 돌아 제자리로 왔을 때
타이어의 둘레만큼 무게 중심이 이동했다면
미끄러짐 없이 굴러간 것입니다.

하지만 차이가 난다면 미끄러진 것이죠.
이 미끄러지는 정도를 슬립률이라고 합니다.

슬립률이 100%면 회전 없이 미끄러진 거예요.
그리고 마찰력은 슬립률이 10~15%일 때 가장 강해요.

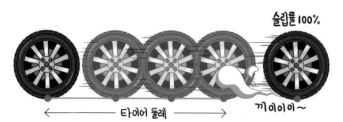

이때가 접촉면 사이의 점착 마찰력과
고무의 변형에 의한 히스테리시스 마찰력이 최대가 되거든요.

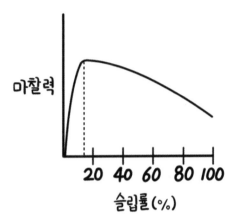

여기까지가 정지 마찰의 영역이라 할 수 있고,
이후로는 운동 마찰 영역입니다.
슬립률이 100%이면 운동 마찰력은 가장 작아요.

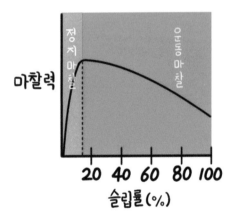

↳ @UnUnUnUnUnUnU****
슬립률 50퍼센트라 못 자고 있었
는데 이 영상 보고 80퍼센트 정도
찍었네요. 자러 갈게유~

다시 말해, 이는 바퀴가 완전히 미끄러질 때보다
굴러가며 제동할 때 더 빨리 멈춘다는 의미입니다.

그래서 자동차의 ABS*는 브레이크를 밟았을 때
타이어가 미끄러지기 시작하면
오히려 타이어가 구르도록 브레이크를 풀어줍니다.

↳ @charle****
차 몰아본 사람은 바로 이해 가능
한 내용이죠. 브레이크 급하게 밟
았을 때 미끄러지면 더 멀리 간다
는 이야기입니다.

---

* ABS(Anti-lock Breaking System, 브레이크 잠김 방지 시스템)는 자동차의 미끄러짐을 방지
  하여 방향을 조종하는 역할도 합니다.

우리 조상님들도 말했잖아요.
"급할수록 돌아가라!"라고요.

마찰력②

과학 수업을 듣는 중이라고 상상해 보세요. 그리고 주변 세계에 대한 진리를 발견하는 간단한 실험을 하고 있습니다. 이 실험에는 나무 토막, 용수철 저울 그리고 보이지 않지만 마찰력이 필요합니다.

용수철 저울로 수평을 유지하면서 나무 토막을 당겨 본 사람은 그 잠시의 긴장감을 알 거예요. 저울은 늘어나지만 나무 토막은 움직이지 않죠. 이것은 정지 마찰

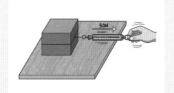

▲ 최대 정지 마찰력 실험

력이 작용하고 있는 것으로, 토막을 고정시키는 힘입니다. 당기는 힘을 더 세게 가하면 저울이 더 늘어나고, 갑자기 토막이 움직이기 시작합니다. 이 드라마틱한 순간은 당기는 힘에 의해 정지 마찰력이 극복되는 순간이에요. 나무 토막이 움직이기 시작하기 바로 전에 용수철 저울이 보여준 최대 힘이 '최대 정지 마찰력' 입니다.

토막이 표면 위를 미끄러지듯 움직일 때 마찰력의 성격이 바뀝니다. 이것은 운동 마찰력으로 정지 마찰력보다 작은 힘입니다. 운동 마찰력은 항상 일정한 크기로 작용하기 때문에 당기는 힘이 변하지 않으면 토막은 일정한 속도나 가속도로 움직입니다.

이제 바퀴의 경우를 생각해 봅시다. 이상적인 세계에서는 바퀴에 마찰력이 없습니다. 그러나 현실에서 바퀴는 완벽한 구형이 아니며, 변형과 점착이 발생해 굴림 마찰력이 생깁니다. 이 굴림 마찰력은 재질에 따라 다양합니다. 예를 들어 고무 바퀴는 고무와 바닥 사이의 분자 결합으로 인해 점착 마찰력이 생깁니다. 또한, 고무 바퀴가 변형될 때 일부 운동 에너지가 열로 변환되어 없어집니다. 자전거 타이어의 바람이 빠지면 페달을 돌리기 어려운 이유가 이 때문이죠. 이를 히스테리시스 마찰력이라고 부릅니다.

바퀴는 미끄러짐 없이 굴러갈 수도 있고 미끄러지면서 굴러갈 수도 있어요. 상황에 따라 점착 마찰력과 히스테리시스 마찰력의 결합 효과가 최종 마찰력을 결정하죠. 흥미롭게도 가장 높은 마찰력은 약 10~15%의 슬립률에서 발생합니다. 이 지점을 넘어서면 마찰력이 감소하는데, 이것은 고등학교 과학 시간에 배우는 정지 마찰력에서 운동 마찰력으로의 전환과 유사합니다.

학교에서 배우는 정지 마찰력과 운동 마찰력에 대한 내용은 이러한 복잡한 상호 작용을 간략하게 전달한 것이라고 생각하면 됩니다. 이러한 기초 개념을 이해함으로써 우리는 더 복잡한 물리학의 세계로 들어갈 수 있답니다.

낡은 타이어가
미끄러운 것은 이상해요!

우리는 선생님께 마찰력은 접촉 면적과
상관없다고 배웁니다.
그런데 고무의 마찰력은 접촉 면적이 클수록 큽니다.

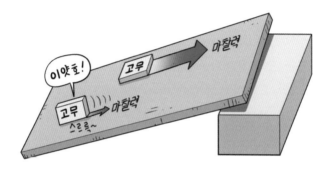

그래서 경주용 자동차에 사용되는 슬릭 타이어는
홈을 없애 마찰력을 극대화해요.

슬릭 타이어

그런데 이상하죠?
일반적으로 사용하는 타이어는
오래돼서 마모되면 더 미끄럽잖아요.
홈이 없어지는데도 말이죠.

타이어의 마찰력에는
점착 마찰과 히스테리시스 마찰이 있어요.

점착 마찰은 접촉면에서 일어나는 분자 간의 인력 때문에 생기죠.

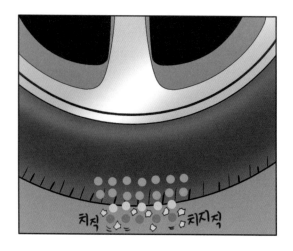

그런데 이런 점착은 타이어가 움직일 때
고무 분자의 변형을 가져와요.
이때 열을 발생시키죠.
그럼 운동 에너지가 열로 방출되어 손실되는 거예요.
이것이 히스테리시스 마찰입니다.

오래돼서 마모된 타이어는 고무의 양이 적어지고
딱딱하게 굳는 경화 현상이 일어나
히스테리시스 마찰이 작아져요.
그래서 잘 미끄러지는 것이랍니다.

그럼 히스테리시스 마찰은 높을수록 좋겠네요?
하지만 히스테리시스 마찰에 의한 회전 저항은
연비의 5%나 차지해요.

↳ @Faradays****
일단 고무의 마찰력은 접촉 면적이
클수록 크다는 건 이해했어요!

그래서 타이어는 마찰력과 연비의
적당한 타협점을 찾아야 합니다.
아무쪼록 잘 해결되었으면 좋겠네요.

↳ @HoneyM****
곧 타이어 갈아야 하는데 참고
하겠습니다^^

마찰력③

자전거 핸들을 꽉 잡고 고무 타이어가 도로에 단단히 붙는 느낌을 맛보고 있습니다. 접촉 면적이 클수록 마찰력이 커진다는 것이 매우 분명해 보입니다.

그런데 이상하죠? 학교에서 마찰력은 접촉 면적에 의존하지 않는다고 배우지 않았나요? 운동을 저항하는 힘, 마찰력은 접촉 면적의 크기가 아니라 접촉면의 성질과 누르는 힘에 의해 결정됩니다. 이는 책을 평평하게 놓든 세워 놓든 그 책에 작용하는 마찰력은 같다는 의미입니다. 하지만 우리의 직관은 '접촉 면적이 더 크면 마찰력도 더 커야 하지 않나?'라고 속삭입니다.

이것의 비밀은 물체 간의 접촉 부위에 숨어 있습니다. 아무리 매끄러운 표면도 확대해 보면 분자 규모의 울퉁불퉁한 돌기들이 드러납니다. 그래서 실제 접촉 면적은 겉으로 보이는 것보다 훨씬 작습니다. 그럼에도 불구하고 겉으로 보이는 접촉 면적이 커지면 이러한 미세한 돌기들이 더 많이 접촉합니다. 반면 겉보기 접촉 면적이 작다면 실제 접촉하는 돌기들의 수도 줄어듭니다. 그럼 실제 접촉 면적도 줄어들어야 하죠. 그러나 여기엔 예상치 못한 반전이 있습니다. 접촉하는 돌기의 수가 줄어들면 적은 돌기들이 물체의 많은 무게를 분담해야 한다는 점이죠. 이는 돌기에 가해지는 압력을 증가시켜, 결과적으로 뾰족한 돌기들이 뭉그러지며 접촉 면적을 넓힙니다. 반대로 겉보기 접촉 면적이 넓으면 많은 돌기들이 무게를 분산시켜 적은 변형만 생깁니다. 결국, 물체 간의 실제 접촉 면적은 겉으로 보이는 접촉 면적에 상관없이 항상 일정하게 나타나죠. 실제 접촉 면적은 물체의 무게에 의해서만 결정되고, 마찰력은 일반적으로 접촉 면적과 상관없는 것으로 여깁니다.

하지만 고무는 다릅니다. 고무는 그 구조상 압력을 받으면 쉽게 변형되어 돌기 사이의 틈을 메웁니다. 그래서 고무의 겉보기 접촉 면적이 커지면 실제 접촉 면적도 커지고, 이로 인해 마찰력도 증가하죠.

학교에서 배우는 과학은 기본 개념을 누구나 이해하기 쉽게 단순화한 내용입니다. 하지만 실제로는 고무의 마찰력처럼 더 복잡한 시나리오를 따르죠. 이러한 차이점을 인식하고 탐구하는 것은 과학을 대하는 훌륭한 자세입니다. 이 세상의 의문점을 해결한 위대한 과학자들 역시 이러한 호기심이 있었기에 연구를 했던 것이니까요!

불투명 유리를 투명하게 보는 방법

20

욕실의 창문과 유리는 불투명 유리를 사용해요.
남들이 보면 안 되잖아요?

학교 교실의 복도 창문도 불투명 유리를 사용하죠.
교실이 잘 안 보이도록요.

그런데 불투명 유리를 투명하게 만들 수 있는 방법이 있습니다.
과학 원리를 알면 쉽죠!

빛은 다른 물질을 통과할 때 굴절합니다.

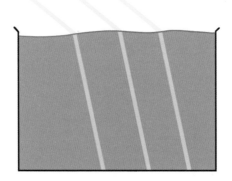

일반적인 유리의 표면은 매끄럽기 때문에
나란한 빛들이 똑같이 굴절해요.
그래서 유리를 통해 사물을 봐도 선명함에 큰 차이가 없죠.

불투명 유리는 표면을 갈아서
일부러 울퉁불퉁하게 만든 것이에요.
그러면 빛들이 제멋대로 굴절하기 때문에
불투명 유리 너머에 있는 사물의
정확한 형태를 볼 수가 없어요.

불투명 유리로 사물을 선명하게 보고 싶다면
울퉁불퉁한 표면에 유리의 굴절률과 비슷한 물을 채우거나,
테이프를 붙여 틈새로 아교를 채워 넣으면 돼요.
그러면 다시 매끈한 면이 돼서 잘 보이게 되죠.

↳ @user-im5ih1****
이거 코난 트릭에 나왔던 건데 ㅋ
ㅋㅋ 온갖 과학 상식을 알게 해주
는 코난은 대체....

↳ @user-me2ns1****
저는 강 창문에 물 뿌리는 게 재
밌어서 알게 됨 ㅋㅋㅋ

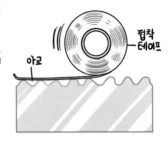

그래서 샤워실 부스에 사용되는 불투명 유리는 울퉁불퉁한 면이
물이 닿지 않는 바깥쪽에 오도록 설치해야 해요.
반대로 하면 선명하게 다 보이겠죠?

순수했던 우리 마음도 거친 인생을 겪으며 울퉁불퉁해진 것 같아요.
내 마음을 통해 들어오는 세상이
언제부턴가 흐릿하고 즐겁지가 않아요.

예전엔 친구들과 딱지만 쳐도 재밌었는데 말이죠.

↳ @HAECHO****
잘 설명하다가 갑자기 울컥하게
만드네....

내 마음의 테이프는 어디에 있을까요?

↳ @Mr_D****
이과의 상식을 알려주고 문과적인 결말까지 함께하는
그는 문이과통합형.

↳ @net****
ㅠㅠㅠㅠ 형이 그렇게 말하니까 형이 내 테이프 같잖
아ㅠㅠ 아무 생각없이 놀던 시절이 매우 그리워요ㅠㅠ

빛의 굴절①

빛은 왜 서로 다른 물질의 경계면에서 굴절하는 걸까요? 평소에 당연하게 여기는 이 현상은 사실 굉장히 이해하기 어렵습니다. 빛은 현대 과학에서 이해하기 어려운 '끝판왕' 같은 존재이니까요.

가장 고전적으로 설명하자면, 서로 다른 물질에서 빛의 속력이 달라지기 때문입니다. 빛의 물질 속 여행을 고전적인 관점으로 바라보면, 마치 어린 아이가 과자 가게와 장난감 가게가 가득한 거리를 걸어가는 모습과 같습니다. 이 아이(빛)는 여행 중에 다양한 물질을 만나며 속도가 시시각각 변화합니다. 빛은 진공, 즉 과자 가게가 없는 길에서는 가장 빠른 속도로 직진합니다. 이때의 속도가 바로 우리가 아는 빛의 최고 속도인 광속입니다. 하지만 빛이 물질을 만나면 마치 아이가 과자 가게 앞에서 멈춰 서듯이, 그 속도가 느려집니다.

빛은 물질 속의 작은 입자들인 전자나 양성자와 상호 작용을 합니다. 여기에는 빛이 입자들에 잠시 흡수되었다가 다시 나오는 과정 또는 흡수되어 사라지는 과정도 포함되지요. 그런데 모든 빛이 똑같이 반응하는 것은 아니에요. 일부 빛은 이러한 유혹에 넘어가지 않고 자신의 길을 계속 가기도 합니다. 그런데 이런 일부의 변화가 마치 전체적으로 빛의 속력이 바뀐 것과 같은 효과를 주는 것이죠. 빛의 속력이 바뀌는 것과 빛의 굴절과는 어떤 관련이 있을까요?

내 앞에 옆으로 기다란 상자가 놓여 있다고 상상해 봅시다. 상자의 절반은 미끄러운 얼음 위에 있고, 나머지 절반은 거친 모래 위에 있습니다. 상자를 앞으로 민다면 얼음 쪽은 속도가 빠르고, 모래 쪽은 속도가 느리겠죠? 그럼 상자의 방향은 속도가 느린 모래 쪽으로 꺾이게 됩니다. 빛의 굴절도 이와 비슷합니다. 빛이 여행을 하다 서로 다른 두 물질의 경계면을 만나면 한 부분은 빠르게 이동하고 한 부분은 느려집니다. 이때 빛의 흐름은 변화하고 결과적으로 빛은 느린 쪽으로 꺾이게 되죠.

그러나 빛의 세계는 더 신비로운 이야기로 가득합니다. 양자전기역학(QED)이라는 최신 이론이 등장하면서 빛의 굴절을 더 깊이 이해할 수 있게 되었어요. 이 이론은 빛이 단순히 직진만 하는 게 아니라, 우주의 모든 경로를 통해 이동할 수 있다고 해요. 무한한 가능성을 탐험하는 우주 탐험가처럼 말이죠. 빛은 이 경로들 중에서 확률에 따라 나타나거나 사라질 수 있어요. 이러한 현상은 빛의 굴절뿐만 아니라 빛의 다양하고 신비로운 특성을 설명해 줍니다.

안경 없이
선명하게 보는 엉뚱 꿀팁

21

게임, 쇼핑, 웹툰, SNS, 쇼츠 영상 등
스마트폰으로 우린 즐거움을 얻었어요.

하지만 시력을 잃었죠.
안경을 쓰지 않으면 온 세상이 뿌옇게 보이죠?

그런데 안경을 안 써도
선명함을 높일 수 있는 방법이 있습니다.

진짜로 가능하냐고요?
과학 원리를 알면 가능하죠.

사물에는 빛이 반사되는 점들이
모여 있다고 볼 수 있어요.

점에서 나온 빛은 사방으로 퍼져요.
퍼진 빛은 세기가 약해지죠.
보기 위해선 이 빛을 모아야 합니다.

눈의 수정체가 이 빛을 모아줘요.
한 점에서 나온 빛이
망막의 한 점으로 모이면 완벽하죠.

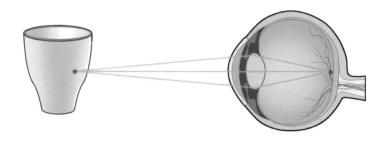

그런데 안구의 모양이 길거나 수정체가 두꺼우면
망막 앞에 모입니다.
망막에서는 퍼지죠.

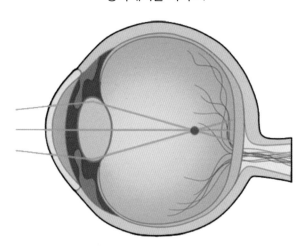

그럼 우리는 한 점을 퍼진 점으로 인식해요.
다른 점들도 이렇게 맺힙니다.
서로 겹치죠.
그래서 세상이 온통 뿌옇게 보이는 거예요.

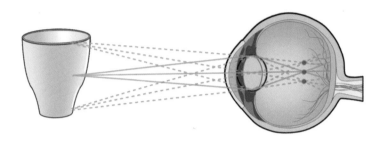

이때 눈앞에 손을 말아 아주 작은 구멍을 만들면
다른 점들의 빛을 차단해
서로 겹치는 현상이 줄어듭니다.
그래서 좀 더 선명하게 볼 수 있죠.

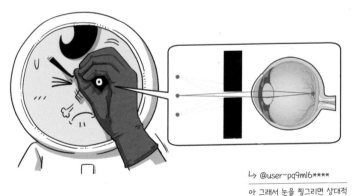

↳ @user-pq9ml6****
아 그래서 눈을 찡그리면 상대적
으로 잘 보였던 거구나.

카메라의 조리개도 이와 같은 원리예요.

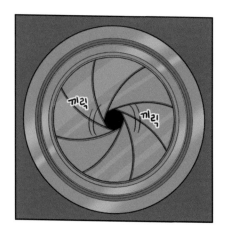

아, 참! 선명하게 보는 대신
시야를 잃는다는 얘기를 깜빡했네요.

원래 하나를 얻으면 하나를 잃는다는 게
세상의 진리 아니겠어요?
공짜는 없죠.
즐거움을 얻고 눈을 잃은 것처럼 말이죠.

빛의 굴절②

눈앞에 바늘구멍을 만드는 것보다 시력을 개선하는 더 쉬운 방법
이 있습니다. 바로 눈의 가장자리에 손가락을 대고 양 옆으로 당기는
것입니다. 종종 일부 서양인들이 동양인을 비하할 때 사용하는 그 포
즈입니다. 어떻게 이런 간단한 행동이 어떻게 흐릿한 사물을 선명하
게 볼 수 있게 만들어 줄까요? 이 비밀의 열쇠는 우리 눈의 놀라운 구
조와 기능에 있습니다.

우리 눈의 핵심 부분 중 하나인 **수정체는 빛을 망막에 집중시켜
선명한 이미지를 만드는 렌즈**와 같습니다. 그런데 만약 수정체의 두
께가 일정하다면 초점거리가 항상 일정합니다. 그럼 빛이 출발한 거
리에 따라서 어떤 빛은 망막에 모이고, 어떤 빛은 망막에 모이지 못합
니다. 멀리서 온 빛은 가까이에서 온 빛보다 수정체를 통과한 후 더
가까운 곳에 모이기 때문이죠. 하지만 우리는 사물의 거리에 상관없
이 모든 빛을 망막에 모아야 합니다. 이 역할을 하는 것이 모양근과
진대입니다.

모양근은 수정체를 둘러싸고 있는 근육입니다. 수정체와 모양근
은 진대라는 끈들로 연결되어 있습니다. **모양근이 이완되면 반경이
커지고 수정체에 부착된 진대가 팽팽하게 당겨집니다. 이는 수정체**

를 늘려 얇게 만들고, 빛이 더 먼 거리에 모이게 해서 멀리 있는 물체를 보는 데 도움을 줍니다. 반대로 모양근이 수축하면 반경이 작아지고 진대가 느슨해져서, 수정체가 다시 두꺼워지고 빛이 더 가까운 거리에 모입니다. 그럼 가까운 거리의 물체를 잘 볼 수 있죠.

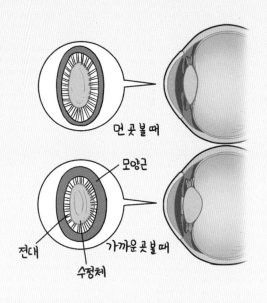

먼 곳 볼 때

모양근

진대

가까운 곳 볼 때

수정체

우리가 스마트폰, 책, 모니터 등 가까운 거리의 화면이나 글자를 장시간 바라보게 되면 모양근이 수축된 상태로 굳어집니다. 이는 수정체를 두껍게 하여 먼 곳의 물체를 잘 볼 수 없게 만들죠. 이것을 근시라고 합니다. 근시의 이유는 이뿐만이 아니에요. 선천적 혹은 후천적인 이유로 수정체와 망막까지의 거리가 멀 경우 멀리서 오는 빛을 망막에 모으기 어렵습니다. 현대 사회에서는 성장기에 형광등 노출이 많아지면서 이 거리가 길어졌다는 연구 결과도 있어요.

이제 눈을 옆으로 당길 때 시력이 개선되는 이유를 쉽게 이해할 수 있죠? 손가락으로 눈을 옆으로 당기면 수정체가 얇아지게 되고 빛이 더 먼 거리에 모이게 됩니다. 이는 망막 앞에 모이던 빛을 망막에서 모이게 하여 물체를 선명하게 볼 수 있게 만듭니다. 물론 시력을 개선하는 가장 좋은 방법은 안경을 쓰는 것이고, 더 좋은 방법은 시력이 나빠지지 않게 조심하는 거예요. 스마트폰이나 모니터 등 가까운 곳을 너무 오랫동안 보지 말고, 밤 늦게까지 형광등을 켜고 생활하지 않는 게 중요합니다!

당신이 몰랐던
무지개의 충격적인 진실

비가 내린 날엔 가끔 우리를 설레게 하는 것이 있습니다.
바로 무지개입니다.

소원을 빌기도 하고 친구에게 전화를 걸기도 하죠.
"지금 무지개 떴어! 한번 봐!"

또 무지개 바로 밑에 있는 사람들을
부러워한 적도 하죠.
손으로 만져보면 기분 좋을 것 같잖아요?

아마 친구와 무지개 밑에 있는 사람들은 이렇게 대답할지도 몰라요.
"무지개가 어디 있어?"

↳ @user-jp1be2****
뉴질랜드 있을 때 도로 위에 무지
개가 있어서 차를 타고 가봤는데
가까이 가니까 사라지고 나중에
뒤쪽에 다시 생기더라고요ㅎㅎ 멀
리 있을 때는 그저 예뻤는데 가까
이 가면 보이지 않는...

빛은 공기 중의 물방울을 만나면
굴절, 반사, 굴절을 거치면서
여러 색깔의 빛으로 갈라집니다.

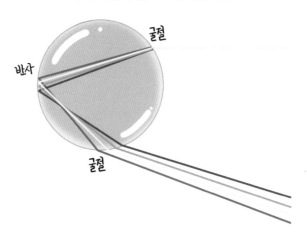

그런데 빛은 딱 하나가 아닙니다.
물방울 전체에 태양 광선이 들어가요.

이 태양빛의 빨간색 광선만 추적해 볼까요?
물방울은 구형이라 빨간색 광선들이 빠져나오는 방향이
모두 다르지만 특정한 각도에서 더 많은 광선이 뭉칩니다.
이를 무지개 각이라고 하죠.
그리고 우리 눈은 이 빛을 인식해요. 뭉쳐져서 가장 밝으니까요.

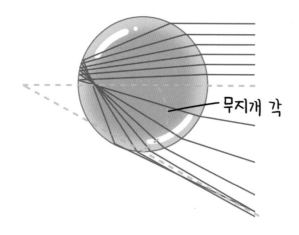

무지개 각

무지개 각은 빛의 색깔에 따라 다릅니다.
빨간색이 가장 큰 42도이고,
보라색이 가장 작은 41도입니다.

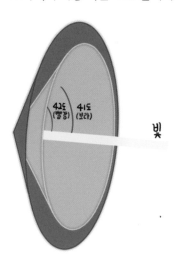

나와 물방울의 위치에 따라서
들어올 수 있는 빛들의 각도가 다릅니다.
가장 위에선 가장 많이 꺾인 빨간색,
가장 아래에선 가장 적게 꺾인 보라색
빨주노초파남보, 우리가 아는 반원 모양이죠?

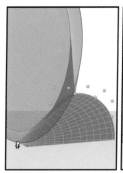 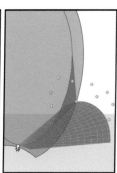 

그러니까 내가 본 무지개는 나에게만 존재했던 거예요.

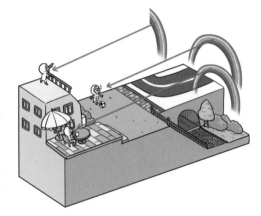

↳ @Victoria-k****
내가 본 무지개는 나에게만 존재하는 거예요... 왜 심쿵하죠?ㅋㅋㅋㅋㅋ

↳ @user-pf2yt7****
나에게만 보인다는 게 뭔가 나만의 무지개가 생긴 거 같아 왠지 기분 좋고 재밌네요ㅋㅋ

무지개처럼 우리의 욕망도 목표와
적당한 거리가 있을 때 존재해요.
가까이 다가가면 사라지거든요.
지금을 즐기세요.

↳ @user-ci4vf1****
수능 6일 전. 이거 보고 지금을 즐기기로 했다.

반사와 굴절

비가 그친 후 구름 사이로 해가 비치기 시작할 때 우리는 종종 하늘에 아름다운 무지개를 발견합니다. 이 화려한 색채의 아치는 단순한 자연의 장관이 아니라 매우 흥미롭고 복잡한 과학적 현상입니다.

무지개는 자연이 연출하는 빛의 쇼와 같습니다. 광활한 하늘을 여행하는 햇빛이 비를 맞은 후 우연히 물방울과 마주칩니다. 물방울 안에서 햇빛은 굴절되고 물방울의 내부 표면에서 반사되어 다시 굴절되면서 나옵니다. 이 과정을 통해 빛은 스펙트럼으로 분해되어 하늘에 생생한 색의 아치를 그립니다. 하지만 이 장관을 보려면 태양을 등지고 서 있어야 가능하죠. 우리가 가장 흔히 보는 이러한 무지개를 '1차 무지개'라고 합니다.

1차 무지개

때때로 햇빛은 물방울 안에서 한 번만 반사되는 것이 아니라 두 번 반사됩니다. 이러한 이중 반사는 2차 무지개를 1차 무지개 바깥쪽에 만들어내죠. 하지만 2차 무지개는 희미해서 눈에 잘 보이지 않아요. 만약 쌍무지개를 본 적이 있다면 우주의 행운을 얻은 거예요. 1차와 2차 무지개를 동시에 관찰한 것이기 때문이죠!

그렇다면 세 번째, 네 번째, 심지어 다섯 번째 무지개도 가능할까요? 이론적으로는 존재할 수 있습니다. 물방울 안에서 일어나는 추가적인 반사는 새로운 무지개를 만들어내니까요. 그러나 반사가 일어날 때마다 빛은 약해지기 때문에, 2차 무지개 이상을 자연 상태에서 관찰하는 것은 극히 드뭅니다. 마치 시끄러운 도시에서 속삭이는 소리를 듣는 것과 같다고 생각하면 쉽습니다. 실험실 환경에서는 과학자들이 12차까지의 무지개를 관찰한 적이 있다고 해요.[*]

이처럼 빛과 물방울의 놀라운 상호 작용을 통해 만들어진 무지개는 자연의 세심함과 경이로움을 상징합니다. 혹시 앞으로 여러분이 무지개를 보게 된다면 단순히 아름다움을 감상하는 것을 넘어, 그 뒤에 숨은 놀라운 과학적 원리도 떠올려 보세요!

---

[*] 무지개에 대해 더 궁금하다면 《김상협의 무지개 연구》(사이언스북스, 2023)를 읽어 보세요.

뜨겁고 차가움의 비밀

방 안에서 금속과 나무를 만진다면
둘 중 무엇이 더 차가울까요?
당연히 금속이라고요?

정말 그런지 직접 해볼까요?
집에 양은 냄비와 나무 조각이 있다면 가져와 봅시다.
나무가 없다면 나무로 만든 종이책도 괜찮아요.
손을 대 보면 냄비가 더 차가울 거예요.

냄비의 온도가 낮으니까 그런 걸까요?

만약 냄비와 책 위에 둘 다 얼음을 올려 놓는다면
냄비 위에 있는 얼음이 더 빨리 녹을 거예요.
냄비의 온도가 더 낮은데, 이상하죠?

사실 냄비와 책의 온도는 동일합니다.
우리는 온도가 높으면 뜨겁고,
낮으면 차가운 것이라고 생각합니다.

하지만 우리가 느끼는 뜨겁고 차가움은
온도가 아니라 물질의 열 에너지입니다.

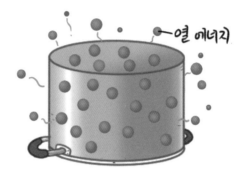

↳ @user-ig8gq5****

이과형의 한마디에 차가움을 차갑다 부르지 못하게 되었습니다.

↳ @YurUy****

생각해 보면 똑같은 온도에, 오랜 시간 놓아둔 물건끼리 온도 차이가 생기진 않을 것 같은데 순간 만졌을 때 차갑거나 따뜻하다고 해서 무의식적으로 생각했던 것 같다....

우리 몸에 열이 들어오면 뜨겁다고 느끼고
빠져나가면 차갑다고 느껴요.
빨리 들어올수록 더 뜨겁다고 느끼고
빨리 빠져나갈수록 더 차갑다고 느끼죠.

금속은 열을 빨리 전달하고
나무는 천천히 전달해요.
그래서 금속이 더 차갑게 느껴지는 거예요.

물론 열은 온도가 높은 곳에서
낮은 곳으로만 흐르고
차이가 클수록 빨리 흐르지만

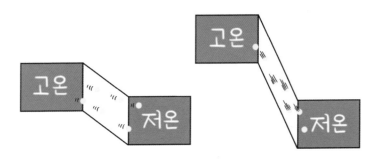

열이 전달되는 속도는
물질의 특성에 따라서도 영향을 받습니다.

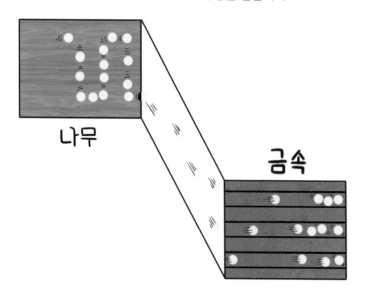

높은 댐에서 물이 빠져나갈 때
수문의 크기와 개수, 장애물 등에 영향을 받는 것처럼 말이죠.

열정이나 관심이 빨리 식을 때
우리는 이를 냄비 근성이라고 비판합니다.
하지만 어쩌면 이것은
누구보다 빨리 뜨거워지기 때문일지도 모르겠어요.

알아 두면 쓸모 있는
과학 지식

열 전달

우리가 살고 있는 세상은 사실 눈에 보이지 않는 입자들의 거대한 무대입니다. 이 작은 입자들이 모여 우리가 보고 만지는 모든 물질을 구성하죠. 원자와 분자로 불리는 이 입자들은 물질의 가장 기본적인 요소로, 각각 독특한 에너지를 가집니다. 이 에너지는 입자들이 진동하고, 회전하며, 움직이게 하는 원동력입니다. 그리고 물질을 구성하는 이 입자들이 가지고 있는 에너지의 정도를 나타내는 것이 바로 온도입니다. 온도가 높다는 것은 입자들이 더 많은 에너지를 가지고 있다는 뜻이죠.

하지만 입자들의 에너지는 고정된 것이 아니라 다른 곳으로 이동할 수 있죠. 이때 에너지가 이동하는 방법 중 하나가 '열'입니다. 열이 방출되면 에너지가 줄어들고 열이 공급되면 에너지가 늘어납니다. 열이 전달되는 방식은 크게 전도, 대류 그리고 복사 세 가지로 나눌 수 있습니다.

전도는 입자들이 서로 접촉하여 진동이나 회전을 이웃 입자에 전달하는 것입니다. 그러면 이웃한 입자들 사이에서 에너지가 차례로 전달되며, 그 결과 물질 전체의 온도가 변화하죠.

대류는 에너지가 풍부한 입자들이 에너지가 부족한 곳으로 직접 이동하는 현상입니다. 이는 주로 액체나 기체 상태에서 일어나는데, 예를 들어 난로를 켜면 방 전체가 따뜻해지는 원리입니다. 난로 주변의 공기 입자들이 에너지를 얻어 난로에서 멀리 떨어진 곳까지 이동하면서 공간 전체의 에너지 순환이 일어나는 것이죠.

▲ 대류의 예

복사는 입자들이 전자기파의 형태로 에너지를 방출하는 것을 말합니다. 난로나 불을 가까이에서 바라보면 얼굴이 확 뜨거워지죠? 이는 열 에너지가 전자기파를 통해 직접 전달되었기 때문입니다. 얼굴을 살짝만 가려도 뜨거움은 사라질 거예요.

물체를 만질 때 느껴지는 뜨거움과 차가움은 전도 때문입니다. 이 과정에서 물질 안의 열을 운반하는 역할을 하는 것은 대부분 전자입니다. 종이, 나무 같은 부도체의 경우 전자가 원자에 꽉 붙잡혀 있어 열이 입자 간에 천천히 전달됩니다. 반면에 금속과 같은 도체는 자유롭게 움직이는 자유 전자가 열을 빠르게 전달하죠. 그래서 금속의 열전도율이 높은 것입니다.

인간은
몇 도(°C)에 죽을까?

24

만약 방의 온도가 1시간 동안
120도 이상으로 올라간다면 어떻게 될까요?
아무리 더위를 잘 참는 사람이라 해도
버티기 어려울 거예요. 그렇죠?

단백질인 달걀은 70도가 넘으면 응고합니다.
또 탄수화물과 단백질은 120도가 넘으면
마이야르 반응*을 일으켜요.
바삭바삭한 식감과 풍부한 맛을 만드는 그 반응 말이죠.

* 아미노산과 환원당 사이의 화학 반응으로, 음식의 조리 과정 중 색이 갈색으로 변하면서 특별한 풍미가 나타나는 일련의 화학 반응을 일컫습니다. 프랑스 화학자인 루이스 카밀 마이야르가 단백질 합성을 연구하던 중 처음으로 발견했습니다.

그리고 물은 100도에 끓기 시작합니다.
물, 탄수화물, 단백질 같은 것들은 모두 우리 몸의 주성분이죠.
그럼 당연히 우리도 죽을 거예요. 그렇죠?

1775년 철학 회보에 재미난 연구가 실립니다.
찰스 블랙든과 동료들이 수행한 실험이었죠.
그들은 함께 사우나를 했어요.

38도에서 시작해 127도 이상으로 온도를 올렸죠.
스테이크가 완전히 익는 데 33분밖에 걸리지 않았어요.
부채질을 해주면 13분 만에도 가능했죠.

↳ @blackcatb****
저 당시에 직접 동료들이랑 실험
대상이 된 거는 광기 아니냐ㅋㅋㅋㅋ
ㅋㅋ

하지만 그들은 모두 멀쩡했어요.

사람이 이런 고온에도 견딜 수 있는 것은
땀을 통해 체온을 조절하기 때문이에요.
땀은 증발하며 주변의 열을 흡수하거든요.

↳ @user-wi1nw7****
예전에 한 세프가 소고기와 함께
오븐 안으로 들어가서 다 익은 스
테이크와 함께 오븐에서 나왔다
죠... 인체의 신비

그래서 사람에게 중요한 건 습도입니다.
습도가 높으면 땀이 증발하지 못해 체온이 상승합니다.
훨씬 위험하죠.

우리가 견디는 한계를 환경 상한선이라 불러요.
(습도 100%에서 35도, 습도 50%에서 46도)
최근 연구에선 이 상한선이 더 낮다는 결론도 나왔죠.
(습도 100%에서 31도, 습도 60%에서 38도)

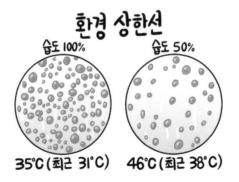

↳ @1***
건식 사우나가 습식 사우나보다 온
도가 훨씬 높게 설정되어 있고, 건
식 사우나가 더 견디기 쉬운 이유
이네요!!

그런데 우린 이미 기후 변화로 이 경계선 근처에 와있어요.
우리가 비웃던 냄비 안의 개구리가
슬프게도 바로 우리인 셈이죠.

증발

이과형의 신혼여행은 하와이의 태양 아래에서 시작됐어요. 하와이의 열기는 마치 마음의 뜨거움을 반영하듯 강렬했죠. 하지만 그곳의 더위는 우리나라의 여름과는 다른 느낌이었습니다. 더 높은 기온에도 불구하고 하와이의 열기는 기분 좋게 느껴졌습니다. 왜 하와이의 열기는 달랐을까요? 바로 이것이 우리가 지금 풀어야 할 자연의 수수께끼입니다.

하와이의 열기가 특별한 이유를 이해하려면 '습도'라는 요소에 주목해야 해요. 하와이는 무역풍*이 일 년 열두 달 불기 때문에 습도가 매우 낮습니다. 반면 우리나라는 여름이면 습도가 높아요. 인간은 땀을 통해 체온을 조절할 수 있는 정온 동물입니다. 체온이 올라가면 땀을 흘리게 돼요. 이 땀이 증발하면서 몸의 열을 빼앗아가는데, 이 과정이 바로 인체의 에어컨 같은 역할을 해줍니다.

그러나 땀의 증발은 습도에 크게 의존합니다. 높은 습도에서는 공기 중에 이미 많은 수분이 있어 땀이 증발하기 어렵습니다. 땀이 잘 증발하지 않으면 체온이 잘 내려가지 않기 때문에 기온이 엄청

---

* 위도 30도 정도의 중위도 지방에서 적도 지역을 향하여 부는 바람입니다.

높지 않아도 더 덥게 느낍니다.

반면 습도가 낮은 하와이에서는 땀이 빠르게 증발하여 효과적으로 몸을 식혀줍니다. 이 때문에 더 높은 기온에서도 하와이의 더위를 쉽게 견딜 수 있는 것입니다. 목욕탕의 건식 사우나는 100도가 넘는 온도에서도 쉽게 견딜 수 있지만, 습식 사우나는 40도만 되어도 견디기 어려운 이유도 이 때문이죠.

병력 안전이 중요한 군대에서는 단순 기온이 아니라 습도를 고려하는 '습구 온도'를 매일 체크합니다. 그에 따라 병사들의 야외 활동 여부를 결정하죠. 그걸 어떻게 알고 있냐고요? 사실 저도 알고 싶지 않았습니다.

25

메테오가 불타는 진짜 이유

지구는 남몰래 매일 치열한 전쟁 중입니다.
시간당 만 개 이상의 돌덩이가 날아들죠.
땅에 쌓이는 돌 부스러기가 연간 5,200톤이라고 해요.

그런데 이상하죠?
지구에 사는 우리는 매우 평온하잖아요.

만약 내가 운석을 줍는다면
매우 비싼 가격에 팔 수 있죠.

이것은 지구가 '대기'라는
매우 뛰어난 보호막을
두르고 있기 때문입니다.

대기로 진입하는 돌덩이는 초당 20km를 이동합니다.
서울에서 부산까지 20초 만에 갈 수 있는 빠르기죠.

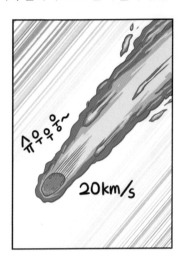

돌덩이는 공기 분자와 충돌하며 엄청난 마찰열을 받을 거예요.
그래서 대부분 불타 없어지겠죠. 그런가요?

↳ @user-zk2kk7****
"그런데 이것을 몰랐습니다."

지구 대기의 99%는 지표면으로부터 높이 32km 아래에 존재해요.
상층부에 공기 입자는 거의 없기 때문에
마찰로는 충분한 열을 만들 수 없죠.
끓는 물이 살짝 튀면 따끔하고 마는 것처럼 말이죠.

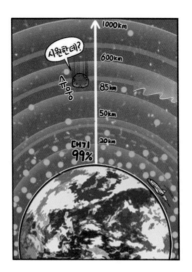

돌덩이가 불타는 이유는 공기가 압축되기 때문이에요.
돌덩이는 매우 빠른 속도로 이동하며
공기를 앞쪽에 계속해서 쌓을 거예요.
그리고 강하게 압축하죠.

많은 공기 분자가 압축되어 쌓인 좁은 공간은
에너지가 넘쳐 흐릅니다.
온도가 올라가요.

↳ @yea****

아 단열 압축에 의한 온도 상승이 구나.

↳ @user-ki2uk7****

와 이건 ㄹㅇ 충격이네 ㅋㅋㅋ

공이나 타이어에 터질 듯 공기를 넣으면
뜨거워지잖아요?

압축된 초고온의 공기는 빛을 내뿜습니다.
일부는 플라즈마가 되기도 하죠.
그리고 이 열은 돌덩이를 태우기에 충분할 거예요.

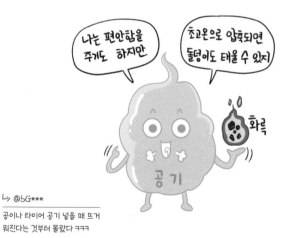

↳ @5G***

공이나 타이어 공기 넣을 때 뜨거
워진다는 것부터 몰랐다 ㅋㅋㅋ

↳ @be-****

상식을 깨는 상식

일이 원하는 대로 잘 뚫리지 않을 땐
너무 조급하고 빨랐던 것이 아닐까 생각해봐요.
때론 천천히 다가가야 뚫을 수 있는 것도 존재하죠.
지구의 대기처럼 말이죠.

↳ @user-rv4vn3****
요약: 운석이 불타 없어지는 건 마찰열이 아닌 단열 압
축으로 인한 온도

↳ @user-rs7ni2****
따봉! 지구야 항상 고마워!!!

단열 압축

우리가 숨쉬는 공기는 평범해 보이지만 사실은 매우 신비로운 존재입니다. 모든 순간 어디서나 수많은 작은 입자들이 끊임없이 움직이고 있죠. 그리고 바로 이 움직임이 우리가 느끼는 온도를 만들어냅니다. 이 입자들은 온도에 따라 활발하게 움직이기도 하고, 덜 움직이기도 합니다.

온도계의 숫자에는 단순히 따뜻함이나 추위를 넘어서는 의미가 있습니다. **이 숫자들은 공기를 구성하는 입자들, 즉 분자들이 가진 평균적인 에너지를 나타내요.** 온도가 높으면 분자들은 활발하게 움직이고, 온도가 낮으면 분자들의 움직임이 느려지죠. 이렇게 여러 분자들로 이루어진 계*는 주변과 에너지를 교환할 수 있습니다. 에너지 교환은 열과 일이라는 방식으로 이루어져요. 열은 우리가 뜨겁고 차가움을 느끼는 이유이고, 일은 엔진의 피스톤이 기체에 의해 운동하는 원리입니다.

사방이 벽으로 막힌 공간에서 공기 분자들이 갇혀 있다고 상상해 보세요. 공기 분자들은 마구잡이로 움직이며 벽에 부딪힐 거예요. 여

---

* '계'는 과학에서 연구 대상이 되는 물질이나 현상의 집합을 지칭하는 용어로, 특정 조건 아래에서 상호 작용하는 시스템을 의미합니다.

러 공기 분자들이 벽에 부딪히면서 힘을 가하게 되는데 이것이 공기의 압력입니다. 벽을 안으로 밀어 공간을 좁히면 입자들은 벽에 더 자주 부딪히게 되고, 압력이 상승하죠. 흥미롭게도 이 과정에서 온도가 상승해요. 왜냐하면 벽이 안으로 움직이면서 입자들에 에너지를 전달하기 때문이에요. 탁구채로 날아오는 탁구공을 앞으로 힘껏 때리는 것처럼 말이죠.

일반적인 압축 상황에서는 일부 에너지가 열로 빠져나가지만, 열이 전혀 밖으로 빠져나가지 못하는 경우도 있습니다. 열이 출입하지 못하게 단열 장치가 되어 있거나 압축이 너무 빨라 열이 빠져나갈 시간이 없는 경우가 그렇죠. 이때는 온도가 많이 상승하는데, 이것을 단열 압축이라고 해요.

운석이 낙하하는 상황도 단열 압축에 해당해요. 운석의 대기권 진입 속력은 초당 수십 킬로미터(km)로 매우 빨라서 공기 입자들이 주변으로 흩어지지 못하고, 앞쪽에 계속해서 쌓이게 되죠. 그러면 공기 입자들은 계속해서 압축되고 에너지가 증가하겠죠? 하지만 빠른 속도로 압축이 되면서 열이 밖으로 빠져나가지 못하게 되고, 결국 압축된 공기의 온도는 운석을 불태울 정도로 올라가고 맙니다.

참고문헌

203쪽

Sherwood, Steven C., and Matthew Huber. "An adaptability limit to climate change due to heat StreSS." ProceedingS of the National Academy of ScienceS 107.21 (2010): 9552-9555.

203쪽

Vecellio, Daniel J., et al. "Evaluating the 35 C wet-bulb temperature adaptability threShold for young, healthy SubjectS (PSU HEAT Project)." Journal of applied phySiology 132.2 (2022): 340-345.